現代ロシアの軍事戦略【目次】

第3章　ロシアの介入と軍事力の役割　125

第4章　ロシアが備える未来の戦争　187

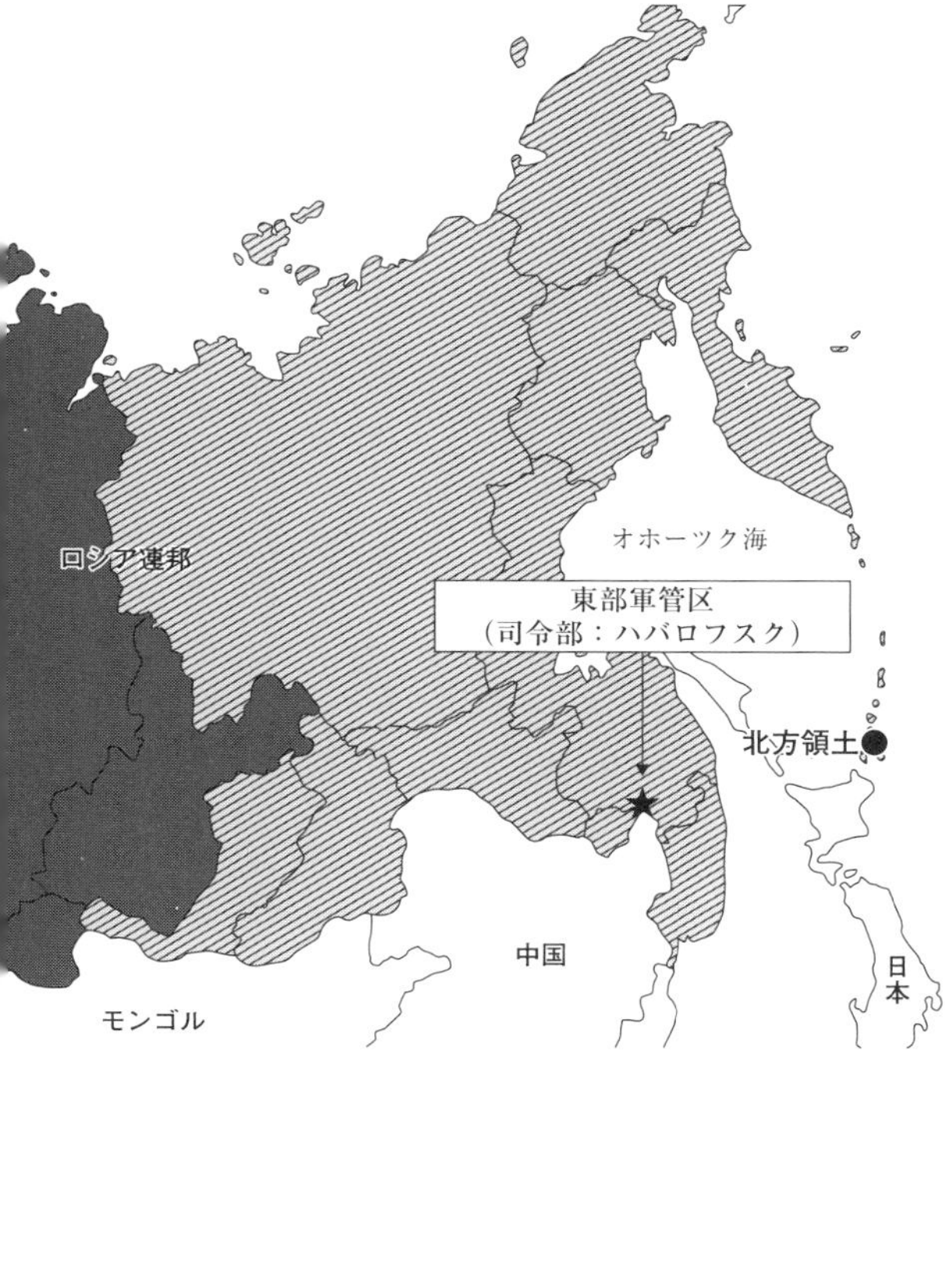
オホーツク海
ロシア連邦
東部軍管区
(司令部：ハバロフスク)
北方領土
中国
日本
モンゴル

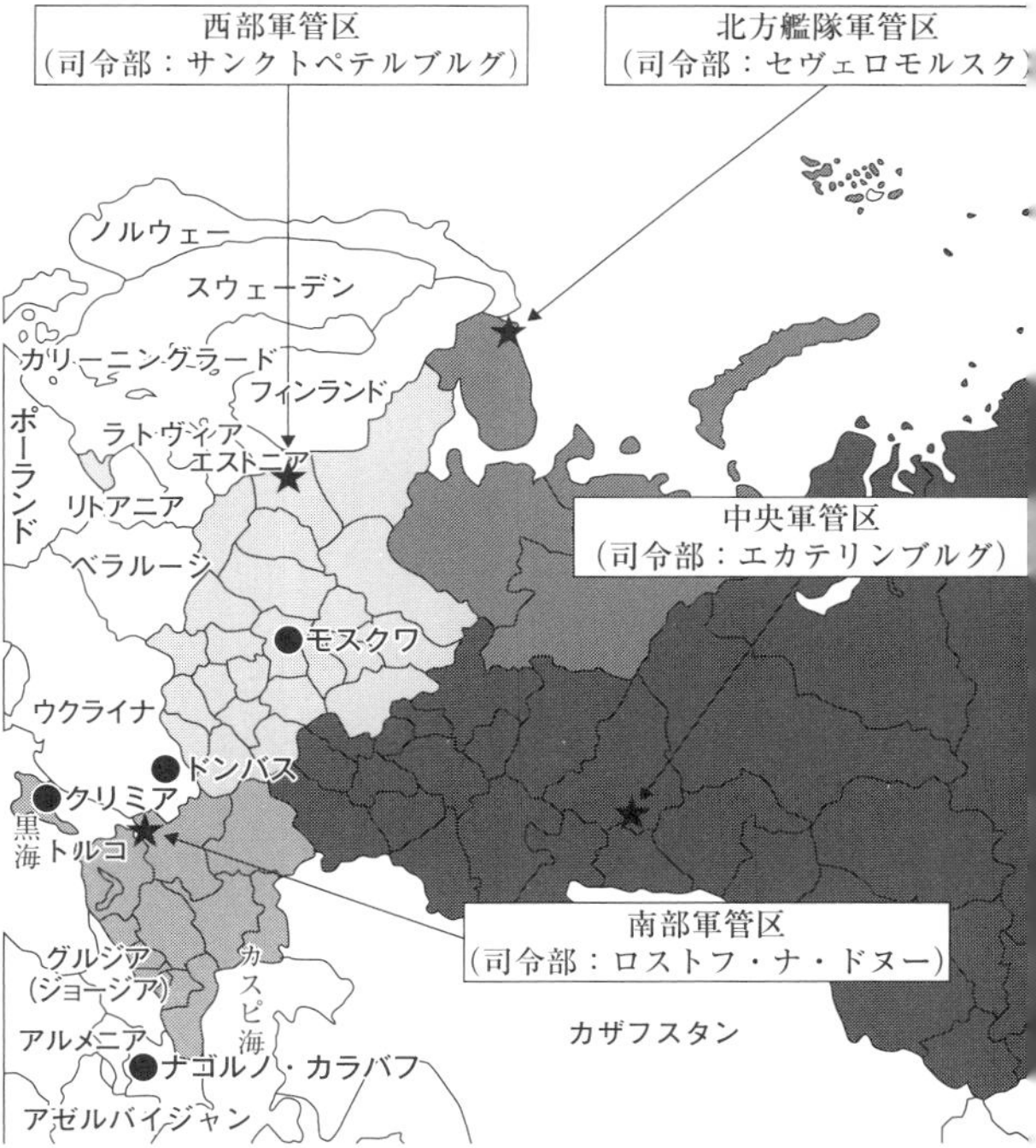

図1　ロシア軍の軍管区と周辺諸国との位置関係

はじめに——不確実性の時代におけるロシアの軍事戦略

「今や米国にとっての第一義的な懸念はテロリズムではなく、国家間の戦略的な競合である」

（米国防総省『国防戦略』2018年）

†「ポスト冷戦」時代の終わり——揺らぐ国際秩序

筆者の研究室には、『ミリタリー・バランス』と題された年鑑が何冊か置いてある。英国の安全保障シンクタンクとして知られる国際戦略研究所（IISS）が毎年発行しているもので、その名の通り、各国の兵力や保有装備、軍事予算などの情報がズラリと並ぶ。

1959年にこの年鑑が初めて発行された当時、これら無数の記号や数字は、まさに世界の軍事《ミリタリー》バランスを反映したものであった。東西冷戦下においては、米ソのどちらが多くの核弾頭を保有しているのか、東ドイツにどれだけのソ連機甲師団が配備されているのか、有事に航空優勢を確保できるのは東西いずれの側か――といった事項がそのまま国家間の力関係にも反映されたからである。

冷戦の終結とソ連の崩壊、そして政治・経済・軍事のほぼ全領域にわたるロシアの凋落によって、こうした古典的な軍事的均衡に対する国際社会の関心は一時的に大きく後退したかに見えた。米国は世界で唯一の超大国となり、西側を中心とする国際秩序に挑戦する勢力はもはや見当たらないように思われた。冷戦後にも戦争という現象がなくなったわけではないが、それはテロ集団や「ならず者国家」に対するものであり、大国同士が総力を挙げて戦うような時代は遠くに過ぎ去ったと見られていた。

だが、2014年のウクライナ危機は、状況を再び大きく変えた。突如として現れた覆面の兵士によってウクライナ領クリミア半島が占拠され、これに続いてドンバス地方でも紛争が始まるという事態に直面したことで、忘れられていた国家間の軍事バランスに再び世界の関心が集まったのである。続く2015年になるとロシアは中東のシリアにも軍事介入を行い、改めて世界を驚かせた。

ロシアに限らず、2010年代以降の世界では、既存の秩序が大きく揺らいでいるとの認識が強まった。猛烈な経済成長を遂げた中国が軍事力の近代化や海洋進出を進め、西太平洋における米国の軍事的覇権をも脅かすようになったこと、北朝鮮やイランが核・ミサイル開発を大きく進展させたことなどはその一例である。2014年にイスラム過激派勢力「イスラム国（IS）」が突如として台頭し、イラクからシリアにかけての幅広い領域を支配して「カリフ制の再興」を宣言したこともここに数えられよう。

しかも、この間、冷戦後秩序の中心にあった西側社会もまた、内部から大きく揺らいでいた。中東の動乱によって流入した大量の難民が欧州における人種差別的感情を掻き立てたことに続いて、2017年には「アメリカ・ファースト」を掲げるトランプ米政権が成立し、グローバルな秩序の担い手から退く姿勢を鮮明にし始めたためである。

さらに2020年11月の米大統領選で民主党のバイデン候補を前に敗北を喫したものの、トランプ大統領の得票数は2008年の大統領選でのオバマ候補（後の第44代大統領）の得票を上回る7400万票以上にも及んでおり、米国が超大国としての地位に本当に復帰してきたのかは未だに予断を許さない。

いずれにしても、米国が国際秩序の揺るぎない中心であるように見えた「ポスト冷戦」時代からほんのわずかの間に、世界のありようは大きく変わり、混沌とした「ポスト・ポスト冷戦時代」へと突入しつつあることだけは明らかであろう。

†軍事力の「効用」

ただ、客観的に把握しうる諸指標においては、米国は未だに世界最強の地位に留まっている。軍事面に限って言えば、米国は世界最大規模の兵力とこれを世界中に展開させる戦力投射能力を有しており、兵器の性能、戦略核戦力、同盟ネットワークに関しても米国に比肩する国は現れていない。一方、本書のテーマであるロシアは、経済力や科学技術力はもちろん、核戦力を除くと軍事面でも米国に対して劣勢であり、もはや米国と並ぶ超大国とは言えなくなった。

だが、ロシアが軍事力を駆使して現代世界における存在感を大きく高めたことは前述のとおりである。しかも、これらの軍事力行使は米国を中心とする国際秩序に公然と挑戦する形で行われたものであった。

では、軍事バランスでは劣勢にあるはずのロシアがこのような振る舞いに及び、実際に成果を収めることができたのはなぜなのか。そこには古典的な軍事力の指標――『ミリタリー・バランス』のページに並ぶそれ――では測りきれない要素が働いているのではないか。これが本書における中心的な問いであり、以下ではこれを様々な角度から検証していくことにしたい。

ここでは、その出発点として、ルパート・スミスの著書『軍事力の効用』を紹介しておこう。NATO欧州連合軍副最高司令官を務めた元英国陸軍軍人のスミスは、21世紀の現在においては「戦争はもはや存在しない」と述べる。スミスによれば、核兵器の登場によって、20世紀後半以降の世界では古典的な国家間戦争を遂行することは不可能になった。核兵器を用いた国家間の大規模戦争は人類の破滅を意味しており、戦争によって達成されるべきあらゆる政治的目的を無意味にしてしまうからである。

こうして、現代の世界では「大多数の一般市民が経験的に知っている戦争、戦場で当事国双方の兵士と兵器のあいだで行われる戦いとしての戦争、国際的な状況のなかでの紛争の決め手となる大がかりな勝負としての戦争、こうした戦争はもはや存在しない」ということになった（スミス2014）。

他方、だからといって、軍事力が無意味になったわけではない、ともスミスは述べている。国家間の大規模戦争は戦争の一つの形に過ぎないのであって、それとは異なった形の戦争というものは無数に想定しうる。そして、それぞれの戦争の中では、軍事力は戦闘以外にも様々な使い道――「効用」を発揮するのだという。

以上の見方は現代ロシアの軍事戦略を理解する上で非常に多くの示唆に富む。本書の第1章で見るように、冷戦後のロシアは欧州正面における「戦略縦深《じゅうしん》」を大幅に失い、兵力の面ではNATOに対して劣勢となり、軍事力の近代化でも西側諸国にはかなわないという事態に陥った。それゆえにロシアは軍事的にももはや大した脅威ではないとみなされてきたわけだが、これは「戦場で当事国双方の兵士と兵器のあいだで行われる戦いとしての戦争」（同上）を前提とした場合の話である。

ウクライナで実際にロシアが用いたのは、国家・非国家を問わずに幅広い主体を巻き込み、現実の戦場に加えてサイバー空間や情報空間でも戦うという方法であった。このような戦い方は西側諸国において「ハイブリッド戦争」と名付けられ、現代の安全保障を語る上で必須の概念となりつつある。

†非軍事的闘争論

では、こうした戦い方はいったいどこから生まれてきたのか。

第2章で見るように、ソ連崩壊後のロシアでは、暴力を伴わない非軍事的手段——特に人々の認識を操作する「情報戦」によって、軍事力を用いずして戦争の目的を達成できるという考え方が台頭してきた。いわゆる「非軍事的闘争論」である。

当初は参謀本部や軍事科学アカデミーの軍事思想家たちの間で、純粋に理論的な可能性として検討されていたものだが、2000年代以降になると、これがにわかに真実味を帯びたシナリオとして語られるようになる。旧ソ連諸国での民主化革命、中東での「アラブの春」、プーチン政権に対する国民の反発——といった一連の事態が、西側諸国による非軍事的闘争であると受け止められたからであった。このような考え方はプーチン大統領を中心とする政治指導部やゲラシモフ参謀総長ら軍事指導部にも波及し、政策文書にも明記されるようになった。

したがって、ロシアの主観としては、2014年のウクライナ介入も侵略とは見なされていない。それはロシアの「勢力圏」を削り取ろうとウクライナ政変を画策した米国への反撃なのであり、自衛行動と位置付けられるのである。同様に、2016年の米国大統領選に対する介入は、西側が常々行ってきた旧ソ連での民主化支援を真逆にしたものであり、ロシア国内での言論統制、インターネット監視、反体制派の弾圧といった権威主義的政策も、西側による「戦争」からロシアを守るものと理解される。少なくともロシアの世界観においては、攻守の両面で激しい非軍事的闘争が繰り広げられているのが現在の世界であるということになろう。

だが、そうなると、古典的な軍事力を用いた戦争はどうなってしまうのだろうか。一部の軍事思想家たちが述べるように、もはや戦争の主役は非軍事的手段に取って代わられ、軍隊は過去の遺物になってしまうのだろうか。

おそらくそうではあるまい、というのが筆者の主張である。第3章では、近年のロシアが関与した軍事介入の事例を中心として検討を進めたが、非軍事的手段が軍事的手段に闘争の主役をゆずったようには見えない。ただ、これらの事例における軍事力の行使方法には、古典的な国家間戦争と異なる側面が多々含まれていることもまた見過ごされるべきではないだろう。軍隊は動員されるが戦わない、戦っても勝利を目的としているとは限らない、軍隊ではない軍事組織が動員される――といった点がそれだ。

こうした手法は何もロシアの独創ではなく、古代から現代に至る戦史の中でも無数に類例を見出すことができる。だが、問題は、ロシアがそうしたオプションをどのように組み合わせ、いかなる結果を引き出しているのか（あるいはそれに失敗しているのか）である。第3章では、この点を、ウクライナ、シリア、ナゴルノ・カラバフでの軍事力の活用事例から検討した。

一方、第4・5章では、ロシアがいかにして大国との戦争を戦おうとしているのかに焦点を当てた。このような戦争が発生する蓋然《がいぜん》性は幸いにして高いものではないが、そうした事態への備えをロシア軍が忘れたわけではない。第4章で紹介するように、2010年代後半以降のロシア軍では、西側の支援を受けた武装勢力との戦いが核使用を含めた大規模戦争へとエスカレートするという想定が軍事演習に取り入れられるケースが増加してきた。また、ロシア東部では、経済・社会・市民の根こそぎ動員を想定した総力戦訓練が今も行なわれている。

では、もしもロシアが大規模戦争に巻き込まれた場合、ロシア軍はどのように戦うのか。この点を具体的に論じたのが第5章であり、特に劣勢下で戦うための「限定行動戦略」、敵の宇宙優勢を覆す「対衛星攻撃能力」、そして戦闘の停止を敵に強要したり、第三国の参戦を阻止するための「エスカレーション抑止」戦略の三点を中心とした。

†テクノロジーは戦争を変えるか

以上が本書を構成する論理的な構造（縦糸）であるとするならば、今度は横糸についても触れる必要があろう。つまり、本書の随所に顔を出す筆者の問題意識のようなものである。

本書の執筆に先立つ数年間、筆者は、新興テクノロジーとロシアの軍事戦略の関係性に大きな関心を寄せてきた。テクノロジーが軍事戦略に与える影響というテーマはこれまでにも繰り返し論じられてきたものであり、この意味では、筆者の関心は古くて新しい。実際、火薬や航海術といった近世の技術革新から、20世紀における航空機・原子力・コンピュータの登場に至るまで、テクノロジーは度々戦争の様相を大きく変えてきた。あるいは国民皆兵制、地図と道路網の整備、自律して戦う戦闘単位「師団」の登場――なども、広義のテクノロジーに含めてもよいかもしれない。

21世紀初頭の現在においても、勃興しつつある新テクノロジーをロシア軍がどのように取り入れ、実用化しようとしているのかは、同国の軍事戦略を考える上で非常に重要なテーマである。2020年9月に勃発したアルメニアとアゼルバイジャンの紛争においては、後者がドローン（専門的にはUAVと呼ぶ）を駆使したことが注目を集めたが、ではロシア軍における無人兵器の開発・配備状況はいかなるものか？ ハイテクに弱いとされてきたロシアは、人工知能（AI）や情報通信技術（ICT）とどう向き合うのか？ 米国が先頭を切る新たな宇宙利用や、極超音速飛行技術ではどうか？――ほかにも検討すべき新興テクノロジーは無数に存在するが（たとえばバイオ技術、材料技術、付加生産技術、新エネルギーなど）、本書では差し当たり、以上の点に注意を払ってみた。

それぞれの実態については本書の中で扱っていくとして、ここでは、次の点だけを押さえておきたい。すなわち、新興テクノロジーの出現は自動的に戦争の変容を意味するものではないし、勝利を約束するわけでもないという点である。

例えばアメリカ南北戦争中に出現したガトリング機関銃は、従来の単発銃とは桁外れの発射速度を実現したが、発明者であるリチャード・ガトリングは、その威力ゆえに軍隊の規模を縮小し、結果的に戦死者を減らせると考えていた。ダイナマイトを発明したアルフレッド・ノーベルもまた、その破壊力が一種の抑止力を生むことを期待していたと伝えられるし、テロリストたちは「この高性能爆薬が抑圧する者とされる者のパワーの圧倒的なアンバランスをひっくり返す」ことを夢見た（タウンゼンド2003）。また、航空機が出現した当初、欧州列強はこの新テクノロジーによる空爆が敵国民や植民地の反乱勢力の戦意を挫《くじ》き、「人命を節約する」ことにつながるという期待を抱いていた（荒井2008）。

しかし、こうしたテクノロジーへの期待がどれ一つとして実現しなかったことは周知のとおりである。機関銃も、ダイナマイトも、航空機も、ただそれを手にしただけで勝利をもたらす「魔法の杖」にはならなかった。戦争を戦うのが創意工夫の力を持った人間である以上、新テクノロジーが出現すれば必ず何らかの対抗策が編み出されるからである。

具体的に言えば、同等のテクノロジーを開発したり、新テクノロジーを妨害・無効化・飽和する手段を採用したり、あるいは正面から対抗することを回避するといった方法がこれに当たる。冷戦期における米ソの核・ミサイル軍拡競争、優勢な大国に対抗した中国やヴェトナムによるゲリラ戦争、スマートフォンを駆使して戦う現代のジハード戦士などを思い浮かべてみれば、テクノロジーの優劣がそのまま軍事的優越には繋がらないことは明らかであろう。

アフガニスタン駐留米軍司令官を務め、トランプ政権下で米国家安全保障問題担当大統領補佐官となったハーバート・マクマスターが述べるように、戦争は人間同士の「意志のせめぎ合い」なのであって、テクノロジーはその一要素に過ぎないのである（McMaster 2013）。

これをロシアに当てはめて考えてみよう。経済力でも技術力でも西側に対して劣勢にあるロシアは、自らもハイテク化を志向しつつ、その水準は常に西側には及ばないというジレンマを抱え続けてきた。だが、この事実を以てロシアが西側に対する軍事的挑戦を諦めたわけではない。技術的に劣勢であるならばあるなりに、なにがしかの対抗策を編み出すのはロシアも同様であって、この点にこそ現代ロシアの軍事戦略を読み解く鍵が存在する、というのが本書における筆者のもう一つの主張である。

†本書を理解するための基礎知識

最後に、本書をお読みいただく上で押さえておきたい基礎的事項をまとめておこう。

本書はロシアの軍事戦略に関するものであり、したがって、その主人公に相当するのはロシア軍（正式名称はロシア連邦軍）である。2021年現在、その兵力は定数101万3628人、実勢90万人程度とされており、このうち徴兵（18～27歳の男子国民の義務とされ、勤務期間は12カ月）は25万人程度。残りは職業軍人として定年まで勤務する将校（約21万人）と、契約に従って限られた期間勤務する契約軍人（約40万人）、各種学校生徒などで占められている。

組織的に見ると、ロシア軍は陸軍（SV）・海軍（VMF）・航空宇宙軍（VKS）の三軍種に加えて、独立兵科の空挺部隊（VDV）及び戦略ロケット部隊（RVSN）、その他の国防省直轄軍事部隊（兵站《へいたん》を担う物資装備補給部隊など）によって構成される。このうち、陸海空軍の大部分はロシア全土を5つに区切った軍管区ごとに統合戦略コマンド（OSK）と呼ばれる統合部隊を編成しており、それぞれが「ミニ・ロシア軍」として完結した作戦を行う能力を有する。軍管区／OSKの配備状況は図1の通りである。

一方、RVSNや海空軍の戦略核部隊は、戦略抑止戦力（SSS）と呼ばれ、以上のような一般任務戦力（SON）とは区別される。最大の特徴は、これらの核部隊がOSKの指揮を受けず、ロシア軍最高司令官（つまり大統領）の直接指揮下に置かれていることであろう。この点は軍事介入の先兵となるVDVや、第3章で扱う精鋭特殊作戦部隊も同様である。

さらに、ロシアには、軍以外にもいくつかの軍事組織が存在する。例えば国内での反乱鎮圧を任務とする国家親衛軍は火砲や装甲車まで保有し、国防法ではロシア軍に次ぐ「その他の軍」と位置付けられているほか、ソ連国家保安委員会（KGB）の末裔である連邦保安庁（FSB）の傘下には大規模な国境警備隊と対テロ特殊部隊が存在する。ソ連国防省の民間人保護部門にルーツを持つ防災機関、非常事態省（MChS）もここに加えることができよう。ロシアの軍事戦略を理解する上ではこの種の準軍事組織の存在が非常に重要になってくるので頭の片隅に入れておいていただきたい。

第１章
ウクライナ危機と「ハイブリッド戦争」

ウクライナ国内の基地周辺に待機するロシア軍所属の兵士（©ロイター／アフロ）

「プーチンは、ソ連における彼の前任者や現在の習近平と同じだけの力を持ってはいない。しかし、ロシアは1990年代にそうであったような、弱いガタガタの国家ではないのである」

マイケル・マクフォール（ロシア研究者、元在モスクワ米国大使）

1　NATO拡大――東欧でのオセロ・ゲーム

†リガ空港の「バックファイア」

エストニア、リトアニアとともにバルト三国と呼ばれるラトヴィア。その首都リガの空港で飛行機を待っていると、滑走路の向こうに奇妙なものが見えることに気づいた。飛行機だが明らかに旅客機ではない。目を凝らしてみると（パソコンの前に座っている時間が長いので年々視力が悪化する）、ソ連製のTu－22M爆撃機であることがどうにか見て取れた。冷戦時代には西側諸国から「バックファイア」のコードネームで呼ばれた超音速中距離爆撃機である。

今でこそ北大西洋条約機構（NATO）加盟国となったラトヴィアだが、ほんの30年前まではソ連の一部とされていた。バルト三国は自発的にソ連に加盟したわけではなく、独ソ不可侵協定に伴う秘密合意でソ連に「占領」されたのだというのが三国の立場ではあるが、実態としては約半世紀にわたってソ連の一部であったことには変わりはない。

この点は軍事面でももちろん同様であった。バルト海を挟んでフィンランドとスウェーデンを目前に臨むバルト地域にはソ連の陸海空軍が配備され、冷戦の最前線となったのである。そしてこの中には、問題のバックファイアも含まれていた。バルト三国最北のエストニアを根城《ねじろ》とした第132重爆撃機連隊がそれで、有事には短期間で北欧から西欧を攻撃できるソ連の「矛《ほこ》」であった。

そうしたわけで、リガ空港のバックファイアはエストニアのソ連軍が残していったものを引っ張ってきたのではないか……とその時は考えたのだが、帰国してから調べてみると少し事情が違っていた。リガ空港を拠点としていた青年飛行クラブがソ連時代に教材として軍から貰い受けたものだという。この種の話はソ連では珍しくないとはいえ、実に贅沢な「教材」ではある。ただ、現在のラトヴィアはソ連時代の爆撃機が首都の玄関口に鎮座していることをあまり快く思っていないようで、以前は空港ターミナルのすぐ横に置かれていたバックファイアは、筆者が目にする少し前に滑走路の向こうへと移設されたようだ。

いずれにしても、現在のバルト三国に残っているのはこうした遺産の類《たぐ》いであって、現役のロシア軍部隊は存在しない。その大部分は1994年までにロシア本国、あるいはバルト海の飛び地であるカリーニングラードへと引き揚げていき、それから10年後の2004年3月29日に、バルト三国は揃ってNATOへの加盟を果たした。「東側」の総本山から「西側」の一員へ――オセロ・ゲームのような劇的な転換がほんの

15年ほどのうちに起きたのである。

倉敷に人民解放軍の基地ができたら

この「オセロ・ゲーム」を、今度はロシア側の視点で考えてみよう。日本第二の都市である大阪から西に150kmほどというと、ちょうど岡山県の倉敷あたりが相当する。ここに中国人民解放軍の基地ができたとしたらどうだろう。国防関係者でなくとも心穏やかならざるものがあるに違いない。沖縄や九州にも続々と人民解放軍の軍事インフラが建設されるとなれば尚更である。

もちろんこれは全くの仮定なわけだが、冷戦後のロシアから見ると、これは現実の出来事であった。前述した150kmという距離は、ちょうどサンクトペテルブルグからエストニアの国境に相当する。戦闘機ならばほんの数分だ。

1997年に結ばれた『NATO＝ロシア間の相互関係、協力、安全保障に関する基本文書（NATO＝ロシア基本文書）』では、両陣営の敵対関係を終結させるとともに、NATO新規加盟国には核兵器や「実質的な戦闘部隊」を常駐させないことを謳《うた》っているが、ラトヴィアにはバルト領空警備（BAP）の枠組みでNATO加盟国の戦闘機部隊が3カ月交代で（したがって「常駐」ではないという建前で）配備されている。

さらに重要なのは、これと同じことがかつてソ連の勢力圏だった東欧全体で起きたということであった。１９９９年のＮＡＴＯ第一次東方拡大ではチェコ、ハンガリー、ポーランドが新規加盟国となり、２００４年の第二次東方拡大ではバルト三国と、ブルガリア、ルーマニア、スロヴァキア、スロヴェニアがここに加わった。これに続いて持ち上がったウクライナとグルジア（どちらも旧ソ連構成国）への拡大論は、ロシアの強硬な反発とこれに対する独仏の懸念、そして２００８年８月のロシアとグルジアの戦争によって一旦沙汰《さた》止《や》みとなったものの、拡大の動きそのものが止まったわけではない。

２００９年にはアルバニアとクロアチア、２０１７年にはモンテネグロが新たにＮＡＴＯ加盟国となり、２０２０年には北マケドニアがここに加わるなど、南東欧方面では依然としてＮＡＴＯは広がり続けている。２０１８年にはボスニア・ヘルツェゴビナに対し、ＮＡＴＯ加盟行動計画（ＭＡＰ）が発出されたことを考えると、同方面においてはさらなる拡大が予期されよう。

こうした動きがロシアにとって極めて面白くないものであったことは、改めて述べるまでもあるまい。ロシアの安全保障政策を包括的に示した政策文書『ロシア連邦国家安全保障戦略』の現行バージョン（２０１５年公表）が、ＮＡＴＯ拡大を「国家安全保障上の脅威」と位置付けていることはその好例である。

また、軍事政策の指針である『ロシア連邦軍事ドクトリン』（現行バージョンは2014年に公表）は、「対外的な軍事的危険性」の第1項目として「NATOの軍事的ポテンシャルが増強されていること、国際法規範に違反したグローバルな役割が付与されていること、ブロックのさらなる拡大を含めNATO加盟国の軍事インフラがロシア連邦の国境へ接近していること」を挙げる。

†後退する「戦略縦深」

では、NATO拡大はロシアにどの程度の軍事的な不利益をもたらしたのか。

まず指摘できるのは、それがロシアにとって戦略縦深の喪失につながったという点である。「戦略縦深」という言葉は様々に用いられるが、米国防総省総合評価局で長年、米国の軍事戦略策定に携わってきたアンドリュー・クレピネヴィッチは、これを「より有利な地位を獲得するために、空間を時間、例えば戦争に突入する前に部隊を動員したり、有力な国家を同盟国として引き込む時間に変換するオプション」と定義した（Krepinevich 2017）。つまり、広大な空間を保持しておけば、それだけで敵の侵略に対してより有利な対応を取るための時間的余裕として機能させられるということである。

このような定義に従うならば、冷戦期の東欧はまさにソ連にとっての「戦略縦深」そのものであった。ワルシャワ条約機構の最西端に位置していた東ドイツからソ連本土国境までの距離はおよそ800~900㎞であったから、NATOの奇襲を受けたとしてもソ連本土に到達するまでには一定の時間的余裕を稼げる上に、戦術核兵器を用いた反撃を自国領土外(例えば東ドイツ)で実施しうる余地が存在したためである。戦闘爆撃機やパーシングⅡのような準中距離弾道ミサイル(MRBM)による攻撃を受けた場合ははるかに短時間での対応を迫られるが、それでも15分から数十分の対応時間を確保することが可能であった。

しかし、東欧諸国とバルト三国がNATOに加盟したことによって、ロシアの戦略縦深は1000~1400キロも東へと後退することを余儀なくなされた。ロシアは依然、自国の広大な国土を戦略縦深として活用する余地を有するとはいえ、重要な軍事拠点や軍需産業、政治・経済中枢、人口の大部分がヨーロッパ・ロシアに集中していることを考えると、脆弱性が大きく高まったことは明らかであろう。東欧で唯一の同盟国(ロシア主導の軍事同盟である集団安全保障条約機構〔CSTO〕加盟国)であるベラルーシもNATOと直接国境を接することとなった。

戦略縦深の喪失は、海でも起きた。ポーランド及び東ドイツを同盟国としていたソ連は、スウェーデン＝デンマーク＝西ドイツを結ぶ諸海峡以東のバルト海を「ソビエトの海」と見なすことができたが（Elfving 2019）、こうした構想が現在では全く成り立たない。既に述べたとおり、NATOは今やサンクトペテルブルグの目と鼻の先まで迫り、ウクライナ危機以降には中立国のスウェーデンとフィンランドまでがNATOとの関係強化に動いているためである。しかも、中東欧へのNATO拡大により、バルト艦隊の母港があるカリーニングラードは周辺をNATO加盟国に囲まれることになってしまった。

黒海でも、ブルガリアとルーマニアがNATOに加わったことによって、ロシアの戦略縦深は大きく後退した。トルコを除いてソ連ないしその同盟国で囲まれていた黒海は、今や沿岸国6カ国のうち半数がNATO加盟国となっている。さらにウクライナ及びグルジアにまでNATOが拡大すれば、ロシア以外の黒海沿岸国は全てNATO加盟国ということになる。ロシアの振る舞いの是非はさておき、純軍事的な懸念の大きさは理解できないものではない。

†小さな軍事大国

軍事面でもう一つ特筆すべきは、NATO拡大によって兵力バランスが著しくロシアに不利に傾いたことである。ロシアといえば軍事大国というイメージがあり、それは事実でもあるのだが、現在のロシアを軍事大国たらしめているのは「数」ではない（では何なのか、については本書の中で述べていく）。

実際問題として、ロシアの国内総生産（GDP）は米ドル換算で約1兆7000億ドル、世界第11位に過ぎず（いずれも世界銀行の推計による）、国防に割ける額もそう大きなものではない。

国防費の算出はどの国においても困難であり、ロシアの場合は情報公開度の低さや名目額と実質購買力のギャップ（軍人給与や兵器の調達費は大部分がロシア国内向けに支出されるため、ドル建てでは下落しているように見えてもルーブル建てではずっと「使いで」がある）がここに拍車を掛けるのだが、購買力平価で換算すると概ね世界第4位程度、というのが一致した評価であるようだ。といっても、その額は狭義の国防費から国防産業関連の補助金、軍人の福利厚生などまでひっくるめて年間6000〜6500億ドル程度（2019年）と見られており、米国（約7300億ドル）や中国（約2600億ドル）からみると桁にして一つ分小さい。

したがって、ロシアの経済力が今後大幅な伸びを見せない限り、ロシア軍の兵力が現在の水準を大きく上回ることは困難であろう。それどころか、ロシア財務省は2020年、新型コロナウイルス（COVID－19）による経済の減速を理由に、ロシア軍の定員1割削減を提案していたとさえ伝えられる。国防省の激しい反発で結局立ち消えとなったようだが、このエピソード一つからも明らかなように、ロシアは現行の兵力を維持するだけで精

		師団・旅団（諸兵科連合、特殊部隊）	旅団（砲兵、MLRS、SRBM）
NATO（欧州加盟国のみ）	全欧州加盟国	174	7
	中・東欧諸国	38	1
ロシア	総兵力	63	28
	西部軍管区・南部軍管区	37	15
ベラルーシ		7	5

表1　NATO、ロシア、ベラルーシの地上兵力（師団・旅団数）比較

出典：IISS2020より筆者作成。旅団未満の規模の部隊はカウントしていない。海兵隊、空挺部隊、特殊作戦部隊などを含む。

一杯なのである。

そして、このような状況下で東欧・バルト諸国がNATOに加盟していったのだから、ロシアが兵力バランスで劣位に立たされるのは当然であった。冷戦期にはソ連を中心とするワルシャワ条約機構軍が兵力の面でNATOに対して優勢であったが、これが逆転したのである。

現在、NATOの兵力は欧州加盟国だけで約185万人、米国とカナダを加えると約326万人にも達する。つまり欧州側だけでロシア軍の総兵力の倍だ。実際のロシア軍は極東、中央アジア、北極、中東などの各正面にも兵力を配備せねばならないので、欧州側に配備できる兵力はこれよりも遥かに少なくなるはずである。欧州正面におけるロシアとNATOの師団・旅団数を比較した表1を見れば、ロシア側の数的劣勢は明らかであろう。

†「アフガニスタンのことを考えて眠る」

「15年前のNATOにとっては、アフガニスタンが全てでした」

２０２０年秋、筆者の所属する研究グループとのウェブ会議で、あるNATO加盟国の大使はこんな風に切り出した。

「我々はアフガニスタンのことを考えながら目覚め、アフガニスタンのことを考えながら眠りました。私がNATO本部で携わった仕事の8割が、アフガニスタンに派遣された国際治安支援部隊（ISAF）に関するものでした」

２００１年に発生した米国同時多発テロは、安全保障という概念を大きく揺さぶった。冷戦期までの安全保障が国家間の戦争を抑止し、あるいはこれに勝利することを念頭に置いていたのに対し、アフガニスタンを拠点とする国際テロ組織アル・カイダは、少数のテロリストで旅客機をハイジャックし、体当たり攻撃を仕掛けるという全く新しい手段に訴えた。この戦術は見事に超大国・米国の虚を衝き、世界貿易センタービルの崩壊と、「ペンタゴン」の通称で知られる国防総省庁舎の損壊という事態に至った。いわゆる米国同時多発テロ事件である。

こうして「対テロ戦争」の時代がやってきた。ロシアは衰退し、中国の台頭はまだこれからという時代。米国でもＮＡＴＯでも、古典的な国家間戦争はひとまず脇へ追いやられ、予想もつかない手段を駆使して攻撃を仕掛けてくる非国家主体の脅威にいかにして対処するかに血道《ちみち》を上げるようになった。実際、米国同時多発テロ事件後に発動されたアフガニスタン戦争やイラクでの治安作戦、シリアへの軍事介入でも、敵は国家ではなくイスラム過激派勢力であった。詳しくは第2章で述べるが、「ハイブリッド戦争」という概念が米軍の中で生まれてきたのは、このような状況においてであった。

テロ組織は国家のように明確な実体や組織を持たない。指導者を殺害しても、ゲリラ部隊を殲滅《せんめつ》しても、米国や西欧を中心とした国際秩序への反発がムスリムの中に燻《くすぶ》り続ける限り「対テロ戦争」は続く。現に米国がアフガニスタンから兵力を完全に撤退させることができたのは介入の開始から実に20年を経た２０２１年のことであった。「アフガニスタンがＮＡＴＯにとっての全て」だったという大使の言葉は、決して誇張ではなかったと言える。

軍事力のあり方も大きく変わった。なだれをうって攻め寄せる機甲部隊と戦うことよりも、世界中の紛争地域に迅速に展開してゲリラ勢力と戦う対反乱（ＣＯＩＮ）作戦能力や、紛争地域の安定化や復興支援を行う戦争以外の軍事作戦（ＭＯＯＴＷ）への対処能力が重視されるようになった。さらに２００３年には米軍の「変革（トランスフォーメーション）」が宣言され、世界各地における米軍の配備体制から部隊の編制、装備に至るまでが抜本的に見直され始めた。

「変革」は欧州諸国でも進んだ。例えばかつて欧州最強の陸軍国の一つと見なされていたドイツは、１９８９年時点で34万人もの地上兵力を保有していたが、２０１０年にはこれが９万人強にまで削減された。戦車や火砲といった重装備も同様で、これに代わって輸送機で国外展開させられる装甲車が重視されるようになった。

このように、冷戦後のＮＡＴＯは、ロシアとの戦争を念頭に置いた軍事態勢から急速に脱却していく過程にあった。ＮＡＴＯ拡大もロシアの封じ込めを意図したものではなく、不安定な旧社会主義国を西欧の自由民主主義体制に取り込むという文脈が強調された。したがって、ＮＡＴＯ拡大に対するロシアの懸念は過剰反応だ——というのが西側の見方であった。

そして、以上の見方は、ロシア側でもある程度は共有されてきた。１９９３年に公表された最初の『ロシア連邦軍事ドクトリン』以来、ロシアはＮＡＴＯとの全面戦争の蓋然性は大幅に低下したという情勢認識を公式に維持し続けてきたし、そうである以上、ロシア政府全体としては、戦略縦深の喪失のような純軍事的な不都合は比較的マイナーな問題に留まってきたのである。１９９０年代から２０００年代初頭に、ロシアのＮＡＴＯ加盟はありえるか、という議論さえ大真面目に交わされてきたことは、そうした時代の雰囲気を象徴するものと言える。

「勢力圏」と「大国」

だが、一口にNATO拡大への反発といっても、その意味するところは様々である。ロシアにとって受け入れ難かったのは、軍事的な脅威認識というよりも、NATO拡大の政治的側面、すなわち東欧や旧ソ連諸国に対するロシアの影響力が大きく損なわれることであった。

特に旧ソ連諸国については、ソ連崩壊後もロシアはこれを「勢力圏」とみなし、自国こそが政治・経済・安全保障などの中心であるという理解が存在してきた。もちろん、既に独立国となった14の共和国をモスクワの完全な支配下に置くことは困難であるとしても、その主導権を他国に握られること（例えば安全保障面では米国の同盟に組み込まれること）だけは容認せず、「消極的な勢力圏」のようなものを維持しようとしてきたのが冷戦後のロシアであった（小泉2019）。

その意味では、2004年のバルト三国へのNATO拡大は極めて面白からざる出来事ではあったが、最終的にロシアはこれを受け入れた。当時のプーチン政権は米国との協力路線によって国力と国際的な地位の回復に努めている最中であった上、NATO拡大を力ずくで阻止するだけの実力を持ってはいなかった。

これと大きく様相を異にしたのが、2008年に持ち上がったウクライナとグルジアへのNATO拡大論である。2000年代の原油価格高騰で国力を回復させていたロシアはこの動きに強硬に反発し、2008年にはグルジアとの戦争にまで発展した。この戦争の後、メドヴェージェフ大統領(当時)は「外交五原則」を発表して勢力圏を実力で守る姿勢を示し、2014年にウクライナで政変が起きると、クリミア半島とドンバス地方に軍事介入を行った。

NATOの拡大をロシアが苦々しく思っていたもう一つの理由は、それが「大国」としてのロシアの地位を損なうものとみなされたことである。「大国」はロシア語で「デルジャーヴァ」というが、この言葉は単に「規模の大きな国」という意味ではない。一言でいえば、外国の作った秩序に従うのではなく自らが秩序を作り出す側の国であるということだ。

ここで注目したいのは、前述の『ロシア連邦国家安全保障戦略』や『ロシア連邦軍事ドクトリン』がNATOの拡大だけでなく、その活動のグローバル化に対する反感を表明している点である。本来は欧州の集団防衛を意図して結成されたNATOが今や世界中のあらゆる紛争に介入すること、しかもこれらの軍事行動が(ロシアが常任理事国として拒否権を有する）国連安全保障理事会の承認を経ずに行われてきたこと、そして軍事力行使の結果がしばしばユーゴスラヴィアやリビアなどでの国家体制の崩壊にまで至ってきたことだ――ロシアから見れば、冷戦後のＮＡＴＯの振る舞いは「大国」としての地位に対する脅威そのものであった。

2　ウクライナで起きたこと

†瞬く間に失われたクリミアとドンバス

　したがって、ロシアから見ると、まだＮＡＴＯに加盟していない国々の中立をいかに維持するかは、安全保障上、特別の重要性を有していた。具体的には、旧ソ連欧州部でまだＮＡＴＯに加盟していない６カ国――アルメニア、アゼルバイジャン、ベラルーシ、グルジア、モルドヴァ、ウクライナがその焦点である。この中からロシアの「勢力圏」を脱出しようとする国があれば、軍事力行使に訴えてでもこれを阻止するというのがグルジア戦争以降のロシアの基本方針であり、２０１３～１４年にウクライナで起きた事態はまさにこれに該当していた。

危機前のウクライナでは、ロシア主導のユーラシア経済連合（EEU）加盟か、欧州連合（EU）との「高度かつ包括的な自由貿易圏（DCFTA）」締結かをめぐって国民的な議論が交わされていた。だが、ロシアからの猛烈な圧力を受けた当時のヤヌコーヴィチ政権が2013年11月、DCFTA交渉からの離脱を決定すると、欧州の仲間入りを夢見ていたリベラル派やロシアの専横に憤る民族派は猛烈に反発し、首都キエフのマイダン広場ではデモ隊と治安部隊の衝突が繰り返されるようになった。翌2014年に入ると衝突は激しさを増し、2月21日にはヤヌコーヴィチ大統領が首都キエフを脱出するという事態（マイダン革命）に至る。

ロシアは、ここで直接介入に出た。

2月27日、公式の宣戦布告がないまま、ロシア軍特殊作戦部隊がウクライナ領クリミア半島内の議会、行政施設、マスコミ・通信施設、空港などを占拠し始めたのである。さらにロシアはこの間、現地の親露派住民を扇動して自治政府の解散、ロシアへの併合を求める住民運動、自警団の組織化によるウクライナ本土との交通遮断といった手を次々と打っていった。こうして強行された住民投票により、約9割の賛成票でクリミア半島の独立とロシア併合が可決されたのは、3月16日のことである。九州の7割ほどの面積と300万人以上の人口を持つ半島が、わずか3週間ほどの間に失われたことになる。

しかも、事態はこれで終わらなかった。

3月に入ると、今度はロシア系住民が多いウクライナ東部でも独立を求める住民運動が発生し、行政機関を一時的に占拠したり、「人民知事」や「人民市長」を自称する怪しげな人物が登場するなど、不安定化の兆しが見え始めた。その多くは現地の犯罪集団の有力者やロシア民族主義運動家によるものであったとみられる。当初、彼らは小規模な行動を起こしてはウクライナの治安機関によって排除されるということを繰り返していたが、ドネツク州の都市スラビャンスクでイーゴリ・ストレリコフを名乗る人物（本名はイーゴリ・ギルキン）が「人民市長」として名乗りを上げたあたりから風向きが変わり始めた。

ストレリコフことギルキンはロシア軍の情報機関である参謀本部情報総局（GRU）出身のロシア人であり、ロシアから引き連れてきた手勢と共に現地の行政機関や治安機関を襲撃して占拠していった。この動きは北側のルガンスク州にも広がり、「ドネツク人民共和国（DNR）」と「ルガンスク人民共和国（LNR）」を自称する親露派武装勢力の支配領域が作り出された。ドンバスと総称されるウクライナ南東部にも、クリミアのように政府の施政権が及ばない地域が出現したのである。キエフでの政変からほんの2カ月ほどの間のことであった。

†人間の「認識」をめぐる戦い

クリミアやドンバスでの事態の進行の速さは、いくつかの要因に支えられていた。ロシアがかなり早い段階から介入の準備を整えていたらしいこと、それを実行するロシアの軍事力が2010年代初頭までにかなり回復していたこと、政変による権力の空白を衝いたことなど、その内実は様々であろうが、もう一つ見逃せないのが、人間の認識を標的とする能力をロシアが大々的に行使したことである。

ロシア系住民が多いクリミアやウクライナ東部では、多くの住民がロシア語のテレビやインターネットで情報を得ており、それゆえに首都での政変はリベラル派の言うような「革命」ではなく、違法な「クーデター」であるという認識がもともと強かった。さらにロシアによる実効支配が始まった後、その占拠地域内ではテレビ番組そのものがロシアのテレビ局（その多くにはロシア政府の資金が注入されている）から直接配信されるようになった。また、ウクライナで最も多く利用されていたSNSも、ロシア企業の運営する「フ・コンタクチェ（つながり）」や「アドナクラスニキ（同級生）」などであったため、ここでも政変に対して好意的なページは直ちにブロックされていった。

このような状況下で人々の認識に大きな影響力を持ったのは、当然、ロシア政府である。

全般的なテーマ	ウクライナ政府について	西側諸国の役割について
・クリミアの土地は歴史的にロシアに属する。 ・1954年にクリミアがウクライナに引きわたされたのはソ連時代の過ちであった。 ・クリミアにおいてロシア系住民とロシア語を話す住民はウルトラ・ナショナリストの差し迫った脅威に晒されている。 ・ロシアはクリミアにおける出来事に関与していない。 ・独立を問う3月16日の住民投票はクリミアの人々の意思を反映した正統なものである。 ・ウクライナ兵士たちは自発的に武器を置き、ロシアへの忠誠を表明した。	・ウクライナ政府は米国その他の外国の利益のために行動している。 ・マイダン革命は（暴力的な）ウルトラ・ナショナリストに乗っ取られている。 ・ウクライナ大統領は西側に支援された非合法なクーデターで放逐された。 ・ウクライナの親西欧派住民はナチス支持者やファシストの末裔である。	・西側諸国、特に米国はウクライナにおける出来事の黒幕である。 ・米国の主な動機はNATOを拡大し、ロシアを封じ込めることである。 ・米国はロシアに制裁を科すよう欧州諸国に圧力をかけており、モスクワ封じ込め政策の原動力である。 ・ロシアの政策はコソヴォにおける西側のそれのように国境を変更して新たな政治的体制を作り出そうとするものではない。

表2　クリミアへの介入に際してロシアが展開した情報戦
出典：Kofman, Migacheva, Nichiporuk, Radin, Tkacheva, and Oberholtzer, p.14.

曰く、「キエフでの政変は米国が仕掛けた陰謀である」。曰く、「新たに成立した暫定政権はネオナチ思想の信奉者であり、ロシア系住民を迫害している」。曰く、「現在起きていることにロシア政府は関与しておらず、あくまでも現地住民の自発的な運動である」――こうしたロシア発の情報が、「政治的にはウクライナ国民ではあるが民族的にはロシア人である」と自認していた人々には強く響いた。表2は、クリミア介入に際してロシアが展開した情報戦を米空軍系のシンクタンクであるRANDコーポレーションが類型化したものである。

こうした情報戦は、ロシアの軍事介入に際して絶大な効果を発揮した。ウクライナの人々は、ロシア軍や民兵が到着した時点で彼らを迎え入れる気になっていたからである。この点は、ウクライナ政府に忠誠を誓った軍人たちも例外ではない。ロシアの侵攻後、クリミア半島を去るかロシア軍に再入隊するかの選択を迫られたウクライナ軍人たちのうち、約2万7000人は前者の道を選んだものの、9000人以上はロシア国籍を取得してロシア軍人となることを選んだ。この中にはウクライナ海軍総司令官も含まれており、同人はそのままロシア黒海艦隊副司令官に任命されている。

†ドローン戦争

ただ、同じ2014年にウクライナで生起した事態であるにもかかわらず、クリミアとドンバスでは状況が大きく異なっていた。最大の相違点は、クリミアがほぼ無血で迅速に占領・併合されたのに対し、ドンバスでは激しい戦闘を伴う紛争が長期にわたって続いた点であろう。本書の執筆時点においてもドンバス紛争には解決の兆しが見えず、軍人、民兵、一般市民を含めた死者は国連難民高等弁務官（UNHCR）事務所の推計で1万3000人以上に上ると見られている（Office of the UNHCR 2020）。

ここで注目されるのが、ロシア軍が新テクノロジーを用いて戦闘を優位に進めたことだ。

例えばドローン（UAV）である。2008年のグルジア戦争では、グルジアがイスラエル製ドローンを駆使したのに対し、ロシア軍はこの分野で終始劣勢であった。小国グルジアが最初からドローン先進国であるイスラエルの技術に頼ったのに対し、当時のロシア軍は原則的に外国製兵器を採用しない方針をとっていたためである。ハイテク技術の開発でソ連時代から後れを取り、ソ連崩壊後には深刻な経済停滞がこれに拍車をかけたロシアは、実戦投入可能なドローンを開戦時点でほとんど装備していなかった。

だが、その後のロシア軍は凄まじい追い上げをみせた。イスラエル製ドローンの導入とその国産化、さらには国産ドローンの開発に重点的な予算投入を行った結果、グルジア戦争から7年後の2015年には、ロシア軍には1720機ものドローンが配備されていたという。さらに翌年の2016年にはこれが2000機に増加したとされているから、1年で300機ほども増加した計算だ（いずれもロシア国防省発表による）。

その多くは兵士が手で放り投げたり、ゴムのカタパルトで発進させるごく小型の戦術ドローンであるが、効果は非常に大きい。現在のロシア陸軍では、旅団ごとに編成されたドローン中隊が偵察・監視、砲兵の照準といった「眼」の役割を幅広く担い、偵察機や斥候を出さずとも戦場の状況を把握することができる上、撃墜されても人命や高額の損失とはならない。ドローンはウクライナでも運用されているが、質の面でも量の面でもロシア軍の優位は圧倒的だ。

また、米陸軍戦略大学のロバート・バンカーによると、ウクライナで2015年から頻発している弾薬庫の爆発は、手榴弾をくくりつけたロシアのドローンによる自爆攻撃であった可能性がある（*Radio Free Europe* 2017）。通常の弾薬庫は厳重に掩体化《えんたい》されているので、少量の爆薬でここまでの大爆発を起こすことはまずないはずだが、ウクライナで爆発を起こした「弾薬庫」では不要になった弾薬やミサイルが野積みで放置されていたというから、ロシアはこれを狙ったのだろう。

†米海兵隊も舌を巻くロシアの電磁波作戦能力

ロシアがドンバスの戦場で示しているもう一つの優位性が、電磁波スペクトラム（EMS）で戦う能力、すなわち電磁波作戦能力である。

日露戦争で旅順港《りょじゅん》を日本軍に封鎖されたロシア帝国軍が、弾着観測を行う日本の駆逐艦《くちくかん》に対して史上初の電波妨害を行ったことはよく知られている。それ以降もソ連軍やロシア軍では、電磁波作戦能力が「電波・電子戦闘（REB）」として重視されてきた。ウクライナ危機でもこの能力は遺憾無く発揮されており、クリミア占拠作戦では、半島の周辺から発信される妨害電波がウクライナ軍の指揮統制系統を麻痺させ、ロシア軍の進駐を支援したとされる。

だが、ロシア軍の電磁波作戦の真骨頂が発揮されたのは、ドンバスの戦場であった。ウクライナ軍電波・電子戦闘部隊で長らく電波妨害への対抗策を担当してきたイワン・パヴレンコ大佐は、ウクライナにおけるロシア軍の電磁波作戦能力について、米国での講演で以下のように生々しく語っている（*THE WARZONE* 2019.10.30.）。

・ウクライナ軍が使用していたロシア製軍用電子機器にはバックドアが仕込まれており、戦争が始まると遠隔操作で一斉にウクライナ軍の通信がダウンさせられた。この結果、ウクライナ軍はより脆弱性の高い民間の無線通信や携帯電話に通信を頼らざるを得なくなり、これもロシア軍の電波妨害を受けた。
・GPSの電波も妨害を受けたり、偽の位置情報電波を送り込まれる「なりすまし（スプーフィング）」攻撃を受けた。これによって2015年から2017年の間に約100機のドローンが位置を把握できなくなり、墜落した。
・衛星通信が妨害を受けた。
・ロシアは前線で戦うウクライナ軍兵士のスマートフォン電波を探知して偽の通信ノードに接続させ、偽情報を流したり動揺を誘うメッセージを送りつけた。

・ロシア軍のオルラン－10ドローンは対砲兵レーダーを検知する能力を持っており、この情報に基づいてウクライナ軍の砲兵陣地が攻撃を受けた。

これに加えて、ロシア軍はウクライナ軍の火砲や迫撃砲の電波信管に干渉する電波を発信して過早《かそう》に起爆させたり、ミサイルのコントロール電波を妨害して飛行コースを外れさせたとも言われる（McDermott 2017）。

このように、現代のロシア軍が展開する「電波・電子戦闘」は古典的な電子戦の枠に収まらない。それは指揮通信統制への妨害にとどまらず、戦場で使用されるあらゆるＥＭＳの使用を妨害・欺瞞《ぎまん》・攪乱《かくらん》するものであり、これによってウクライナ軍は組織だった戦闘に大きな制約を抱えることになった。その能力には、軍事顧問団としてウクライナに派遣された米海兵隊の将校も舌を巻いたと言われ、米軍も将来の戦争ではもはやＥＭＳを自由に使用できなくなる可能性を考慮に入れた対抗策に本腰を入れつつある（切通２０１８）。

さらにロシア軍の電磁波作戦はウクライナ軍の「神経」だけなく、個々の兵士の「頭脳」にも及んだ。兵士たちの私物スマートフォン（軍用無線機が役に立たない状況下では、しばしば通信の要となる）の電波を探知し、これをＩＭＳＩキャッチングと呼ばれる方法で偽の通信ネットワークに接続させるのである。パヴレンコ大佐の報告に関しても簡単に触れたが、ロシア軍はこうした方法でウクライナ軍の上官を装って偽の命令を伝えたり、兵士たちの動揺を誘うメッセージ（「ロシア軍が攻めてくるようなので俺は逃げる」「子供を孤児にしたくないだろう？」など）を送りつける心理戦を展開した。発信源となっているのは、ドローンをアンテナとして使用するレーエル－3電子戦システムであり、最大2000台のスマートフォンをジャックすることができるという。

かつて、電磁波領域での戦いは「電子戦（EW）」と呼ばれた。これは敵の電波を探知したり妨害する戦い方を意味していたが、21世紀の電磁波作戦はこれを超えて、サイバー空間とも密接に結びついている点に特徴があると言えよう。

✝ウクライナのインフラを麻痺させたサイバー攻撃

サイバー空間での戦いは、前線からはるか後方にも及んでいる。

キエフでデモ隊と治安機関の衝突が起きていた当初から、前者は頻繁にサイバー攻撃を受けていた。ただ、それがより組織的で大規模になったのは、ロシアがウクライナへの直接介入を始めて以降であり、最初は電力網がターゲットになった。

ロシアのサイバー戦は、フィッシング・メールを送りつけることから始まった。フィッシング・メールというのはターゲットを「釣る（フィッシング）」ために使われるメールで、

「先日の会議の議事録をお送りします」などと書かれたメールのリンク先や添付ファイルをうっかり開いてしまうと、重要な個人情報を盗まれたりマルウェア（悪意のあるソフトウェア）をインストールさせられてしまうのである。

ロシアのサイバー戦部隊は、この方法でウクライナの3つの電力企業に「ブラック・エナジー3」と呼ばれるマルウェアを潜り込ませることに成功した。ネットワーク内の重要な情報を密かに攻撃者に送信するサイバー・スパイ用ツールとして知られ、これまでにもNATO加盟国の政府やウクライナ政府に対して送られてきたことが確認されている。このマルウェアを使って、ロシア側は電力企業の制御システムにログインするためのパスワードを入手した。つまり、ロシアのハッカーがウクライナの電力網を制御できるようになったということだ。

攻撃は、2015年12月23日の午後3時半から4時頃にかけて、一斉に開始された。ウクライナ全土30カ所の変電所に対し、ブレーカーを下ろして電力供給を遮断する信号が送られたのである。もちろん、ウクライナ側の操作員はこのような信号を送信しておらず、全てロシアのサイバー戦部隊が行ったことであった。停電の被害は8万世帯、22万5000人にも及んだとされる。サイバー攻撃によって一国の電力網が広範な被害を受けた事例としては世界初の出来事であった。

しかし、単にブレーカーを下ろしただけならば、もう一度ブレーカーを上げる信号を操作員が送り直せばよいだけである。ところがロシアは「ブラック・エナジー3」とともに「キル・ディスク」と呼ばれるマルウェアを電力企業の制御システムに送り込んでおり、これが停電の発生と同時にシステムの画面を真っ暗にしてしまった。さらにロシアは電力企業のコールセンターにもＤＤｏＳ（分散型サービス拒否）攻撃を仕掛け、電力需要者からの苦情を受け付けられないようにした。つまり、停電を復旧しようにも、そもそも電力網の中で何が起きているのかわからないようにしてしまったわけだ。

12月の午後が攻撃に選ばれたのも偶然ではあるまい。夏の昼間ならばちょっとした不便という程度で済むかもしれないが、寒く、日没の早い12月のウクライナではそうはいかない。電力の喪失は、22万５０００人の生活を直接脅かすことになった。

このように、ウクライナの電力網に対するロシアのサイバー攻撃は極めて巧妙に仕組まれていたことがわかる。最終的には、電力企業の職員たちが変電所を一つ一つ廻り、手動でブレーカーを上げていったことで停電は短期間で解消されたが、ロシアが総力を挙げてサイバー攻撃を行った場合にどれほどの被害をもたらすのかは、この一事例だけでも明らかであろう。

しかも、ロシアによるウクライナへのサイバー攻撃はこれで終わらなかった。翌２０１

6年12月には再び電力網に対するサイバー攻撃（この際は電力網の制御システムそのものを乗っ取る、より進化したマルウェアが使用された）が発生したほか、2017年にはウクライナ憲法記念日の6月27日に「ノット・ペーチャ」と呼ばれるマルウェアが、ウクライナ全土に存在するコンピュータの約30％を乗っ取り、政府機関、金融機関、インフラ企業の活動を麻痺させている。1発の爆弾やミサイルが落ちることもなく、ロシア政府の関与も明らかにされないまま、交戦相手国の国家・社会機能を短時間ながら混乱させたのである。

3　「ハイブリッド戦争」をめぐって

非クラウゼヴィッツ戦争？

本章の後半で描き出した事態を改めて振り返ってみよう。

一体何が起きているのかもはっきりしないまま、さほど大きな戦闘が起きたり、多数の死者が出るわけでもなく、行政機関やインフラが占拠され、ある領域が国家のコントロールを離れてしまう。一部ではロシア軍の姿も見え隠れするが、表に出てくるのは現地の住民や素性《すじょう》の知れない「政治家」であり、彼ら自身は確かにウクライナからの独立やロシアへの併合を叫んでいる。そうこうしている間に法的正統性のない「住民投票」が始まり、勝手にウクライナから「独立」したり、ロシアへの「併合」が決まっていく。これを軍事力で奪回しようにも、前線ではロシア軍の強力な電磁波作戦能力で軍事作戦が麻痺・混乱させられ、後方地域はドローン攻撃やサイバー攻撃に晒される――。

これを戦争と呼ぶべきかどうかは難しいところだ。

プロイセンの軍事理論家、カール・フォン・クラウゼヴィッツは、戦争を「拡大された決闘」に喩えた。つまり、どうしても折り合えない二人の男が暴力（決闘）によって相手を屈服させようとするのと同じように、国家同士が暴力（戦闘）によって相手に自らの意志を強要するのが戦争だという理解である。ここでは戦争の主体は国家であり、剝き出しの暴力のぶつかり合いに勝利した方が意志を通せる、という前提が置かれている。それゆえに暴力はエスカレートし、理論的には無制限の暴力が行使される「絶対戦争」へと至る、というのがクラウゼヴィッツのテーゼであった。

もちろん、クラウゼヴィッツは理論家であると同時に戦場の現実を知る職業軍人でもあったから、以上はあくまでも理念型としての整理である。クラウゼヴィッツによると、戦争には様々な「摩擦」（例えば不完全な情報や天候など）が存在する上、交戦当事者は後の戦闘のために戦力を温存しようとするはずであるから、現実の戦争は「制限戦争」という形を取る。また、戦争は常に敵の屈服を目的とするわけではなく、限られた領土の占拠など限定的な目的のために戦われる場合もあるとクラウゼヴィッツは述べる。

しかし、「戦争とは国家と国家による暴力闘争である」という理念的な整理に基づくならば、2014年にウクライナで起きたことは果たして戦争なのか、という疑問はやはり残ることになろう。特にクリミアの場合、軍隊は動員されたもののほとんど1発の銃弾も発射されないという局面が非常に多く、介入作戦全体を通じても死者がほとんど出ていないから尚更である。

他方、「これは戦争ではない」と断言することも憚《はばか》られる。クリミアでも、あるいはドネツクやルガンスクでも、そこでは確かに武力が用いられたからである。クリミアで最先鋒を務めたのはロシア軍の最精鋭特殊部隊「セネーシュ」であり、ドネツクとルガンスクでは所属のはっきりしない民兵たちであったという違いはあるにせよ、揃いの軍服を着て銃を手にした男たちが、実力で権力をもぎ取ったという事実には変わりはない。

こうした事態の推移を見守っていた西側諸国では、ロシアが新しい戦争の形態を編み出したのではないかという考えが生まれた。国家が暴力を用いて戦う「古い戦争」に対して、ロシアが現在行っているのは、多様な主体と方法を混在（ハイブリッド）させて戦う戦争なのではないかという考え方——いわゆる「ハイブリッド戦争」論の登場である。

†「360度同盟」へ

ハイブリッド戦争の語を広く人口に膾炙《かいしゃ》させた一つのきっかけは、ウクライナ危機の起きた2014年9月に英国のウェールズで開催されたNATO首脳会議、通称ウェールズ・サミットであろう。その最終日に発出された各国首脳による宣言では、「ハイブリッド戦争」が「高度に統合された設計の下で用いられる公然・非公然の軍事・準軍事・民間の手段」と定義され、このような軍事力行使を抑止するための態勢づくりがNATOの優先課題であるとされた。「アフガニスタン同盟」であったNATOが、冷戦後四半世紀を経て再びロシア抑止を真剣に考え始めたことになる。

実際の軍事態勢にも変化が生じてきた。最初に始まったのは高度即応統合任務部隊（VJTF）の設置で、ロシアがNATO加盟国に対してウクライナ型の侵略を仕掛けてきた場合、短期間で既成事実を作られてしまうことを防ぐために、迅速に対処できる能力を整えることに主眼が置かれていた。NATOはこれと並行して、BAPに派遣される戦闘機の増加や空中早期警戒管制機（AWACS）による常時監視飛行といった前方展開の強化も打ち出し、2016年には北東ヨーロッパに常時1個大隊を展開させる強化前方配備（EFP）も開始した（EFPについては、バルト三国とポーランドの4カ国内を常時移動することでNA

TOロシア基本文書の言う「実質的な戦闘部隊」の常駐ではないという体裁が取られている)。

これに続き、2018年7月にブリュッセルのNATO本部で開催された首脳会合では、より大規模な侵略事態への対処方針が打ち出された。「4つの《30》」と呼ばれるもので、戦闘艦艇30隻、機械化大隊30個、戦闘機飛行隊30個を30日以内に作戦可能とする態勢を2020年までに整備することを柱とする。さらにこの会合では、NATOの司令部要員を1200人増強し、有事に米本土と欧州の海上交通を担う統合任務コマンドと、欧州域内での部隊移動を担当する統合任務コマンドを設置することも決定され、大規模な米軍の増援を受け入れるための態勢整備が進められることになった。

各国の態勢にも変化が見られる。冷戦後、削減される一方であった兵力が再び増加傾向を示し始めたのである。西欧では依然として兵力削減を続ける国も多いので、NATO全体の兵力が大きく変化しているわけではないが、歴史的・地理的にロシアへの脅威認識が強いポーランドとバルト三国はNATOの対露抑止策は手ぬるいと見なし(Deni 2017)、独自に兵力の増強を進めている。

特に顕著なのがポーランドで、2014年時点で9万9300人であった兵力を2020年までに12万3700人まで増加させ、2017年には有事に予備役兵を指揮するための領域防衛部隊(WOT)が設立された。国防費の増加も顕著で、2014年には92億5

000万ドルであったものが2019年には123億4000万ドル（ともに2018年の米ドル換算）と5年間で1・3倍以上に増加している（SIPRI）。バルト三国の方は経済規模や人口の小ささゆえにここまでの兵力増強はできていないが、冷戦後に廃止されていた徴兵制を復活させたり、有事におけるゲリラ戦マニュアルを国民に配布したりといった取り組みが行われるようになった。

サイバー戦や情報戦への備えも進んでいる。前述した2018年のブリュッセル首脳会合では、NATO司令部内にサイバー空間作戦センターを設置し、ロシアからのサイバー攻撃からインフラや情報空間を防護するとともに、NATO独自のサイバー攻撃能力を実施しうる態勢を整えることが決定された。また、この間にNATOとその加盟・パートナー国の合同出資による欧州ハイブリッド脅威研究拠点（フィンランド）が設置されるなど、非軍事的性格を有する安全保障についての研究体制づくりも進んだ。

もちろん、NATOは冷戦後の主任務となった「戦争以外の軍事作戦」のことを忘れたわけではない。ただ、欧州域外での非在来型脅威に加えて、ロシアからの国家的脅威にも本腰を入れざるを得なくなったのが2014年以降のNATOであると言えよう。しかもそこにはサイバー空間や情報空間といった、新たな領域（ドメイン）も含まれる。

前述のNATO加盟国大使は、こうした新たな状況を次のように表現している。

「ウクライナ危機の後、NATOは大きく変わりました。あらゆる脅威に対処する「360度同盟」になったのです」

†「ハイブリッド戦争」論の起源

ところで、「ハイブリッド戦争」という言葉は、ウクライナ危機に際して発明されたものではない。この言葉を最初に用いたのは米海兵隊のジェームズ・マティス中将（のちにトランプ政権下で国防長官を務めたことで知られる）と海兵隊退役大佐のフランク・ホフマンであった。

米海軍の機関紙『プロシーディングス』に掲載された2005年の論文「将来戦――ハイブリッド戦争の台頭」（Mattis and Hoffman 2005）で両名が主張していることを、筆者なりに簡単にまとめてみよう。

両名が第一の前提とするのは、戦争の相手は独自の創造性を持った人間なのだという点である。したがって、米国が通常型の軍事力で今後とも世界最強の地位を維持するのだとしても、米国の敵が「我々のルールでプレイしなければならないということはない」。むしろ、米国の敵は在来型軍事力の劣勢を挽回するために、テロやゲリラ戦といった多様な手法を駆使して小さな戦術的成功を積み重ね、その効果をメディアや情報戦によって増幅するといった「非在来型」の方法に訴えてくる可能性が高い。

また、こうした事態は単独で発生するとは限らず、国家間戦争と同時に発生したり、その最中にサイバー攻撃に対処したりしなければならなくなるかもしれない、と両名は述べる。つまり、ここでマティスとホフマンが指摘している将来戦争の形――ハイブリッド戦争――とは、古典的な戦争概念に当てはまらない方法を含めた、多様な主体と手法を混合（ハイブリッド）したものということになろう。

当時、マティスとホフマンの念頭にあったのは、イラクやアフガニスタンでの対テロ戦争や、いわゆる「ならずもの国家」との戦争が複合的な様相を呈するような事態であったと思われる。両名の論文が発表された後、米陸軍の野外教範3－0C・1『作戦』には「ハイブリッド脅威」という概念が初めて盛り込まれたが、これは「非集権的でありながら我が方に対して結束し、従来は国民国家が独占していた能力を有する正規、非正規、テロリスト及び犯罪グループの組み合わせ」と定義されており、多様な非国家主体の連合体が想定されていたことがわかる。

いずれにしても、2014年にロシアがウクライナに対して行った介入が「ハイブリッド戦争」として理解されたのは、その前提となる文脈が西側の軍事思想家たちの間に存在していたためであった。つまり、次世代の戦争は主体と手段の混合を特徴とするに違いないという議論が、ロシアの軍事力行使が持つ様々な側面の中から、そのハイブリッド性を特に際立たせる効果をもたらしたのである。

†戦争の「特徴」と「性質」

ただ、ここでもう一点見落としてはならないことがある。ハイブリッド戦争は様々な面で戦争の「特徴（character）」を変えはするものの、戦争の根本的な「性質（nature）」そのものを変えるものではない、とマティスとホフマンが指摘していることだ。両者は一見よく似た言葉であるが、実際には全く異なる概念であり、戦争研究においてはこの2つの区別が非常に重要な意味を持つ。

大雑把に言えば、戦争の「特徴」とは「戦場の風景」に関するもの、とでも表現することができよう。その原動力は新しい兵器、新しい戦術、新しい編制といった広義のテクノロジーであり、これが戦闘の遂行方法に革新をもたらした結果、従来は絶大な威力を誇った兵器や戦術が時代遅れとなったり、安全と思われていた場所が危険に晒されたり、負けるはずのない戦闘が大敗北に終わるのである。実際、こうした事例は歴史上、枚挙にいとまがない。

だが、戦争の「性質」は、これとは大きく異なる。それはテクノロジーの影響を大きく受ける個別の戦闘局面――「戦場の風景」ではなく、戦争のあり方そのものに関連するものであるからだ（石津２００１）。

クラウゼヴィッツが、戦争を、「国家同士の総力を挙げた暴力闘争」と考えていたことは既に述べたが、歴史的に見れば、このような戦争の「性質」は決して普遍的なものではない。貴族層で構成される将校団を除き、フランス革命以前の欧州で軍隊の中心を占めていたのは社会的落伍層や傭兵であった。一般の臣民は貴族層のために税収をもたらす「財産」であり、軍務に就かせるべきではないとされたためである。

他方、落伍者や傭兵から成る軍隊は容易に脱走する恐れがあるため、軍隊には厳しい規律が導入され、戦闘も密集した陣形で行わざるを得なかった。また、当時の国家の財政（徴税）能力では運営できる軍隊の規模には限界があり、しかも一度軍隊が壊滅すると再建が難しいため、大規模な犠牲が出る決戦を避けて小規模な勝利を積み重ねる「制限戦争」の形がとられた。

一方、フランス革命後にナポレオンが創設した「大陸軍（グランダルメ）」は、「18世紀の他の国の陸軍では対応できないほどの死傷者を出しながら戦」う「獰猛な戦争」（ノックス／マーレー２００４）を遂行することができた。というのも、「国民」としての自覚を持ったフランス大衆は国家の危機を自らの危機と認識し、強制によってではなく自らの意志で主体的に祖国防衛に参加するようになったからである。スミスが述べるように、「彼らは、もはや国王のために戦う軍服を着た農奴ではなく、フランスの栄光のために戦うフランス人愛国者だった」（スミス2014）。こうした「国民」の成立なしに、近代的な「国家間戦争」を遂行することは不可能であっただろう。

このように、社会のありようや人々の認識枠組みといった巨大なレベルでの変動と結びついて起きるのが戦争の「性質」変化であるということになる。

†古くて新しいハイブリッド戦争

その意味では、ウクライナへの介入でロシアが用いたハイブリッドな軍事力行使が、戦争の「性質」を変えるものであったかどうかについては別途検討の余地があろう。仮にロシアがウクライナで用いた手法には目新しい部分があったとしても、それは戦争の遂行方法――広義の軍事テクノロジーによって戦争の「特徴」を変えるものであったのか、それとも戦争の「性質」自体を変えたと言えるのかは明らかでないためである。

この点については、オハイオ州立大学のピーター・マンスールの議論が参考になる。マンスールによれば、「ハイブリッド戦争」とは、「共通の政治的目的を達成するために、国家・非国家の通常戦力と非通常戦力（ゲリラ、反乱軍、テロリスト）を巻き込む紛争」である。

だが、彼に言わせれば、歴史上のほとんどの戦争はここでいう「ハイブリッド戦争」であった。そこにはスミスが定義する「国家間戦争」も、それ以前の戦争も含まれるが、いずれにしても戦争はもともと多様な手段と主体を動員するものであって、これらのハイブリッド性を以て戦争を区別することはできないということである（Mansoor 2012）。

そして、この点はロシアについても例外ではない。ロシアの有名軍事シンクタンク「戦略技術分析センター（CAST）」を率いるルスラン・プーホフが述べるように、過去にロシアが実施してきた戦争もまた、そのほとんどがハイブリッドな性格を持つものであったからである（Пухов 2015）。

だが、ここでは長々と戦史を引くことは避け、ヤロスラフ・ハシェクの自伝的小説「ブグリマ市の司令官」を一例として挙げるにとどめよう。チェコ人でありながら赤軍に身を投じたハシェクは、人民委員としてウラル地方のブグリマ市をポーランド軍から防衛する作戦の司令官を任されるのだが、その様相はまさにハイブリッド戦争そのものである。

なにしろ司令官であるハシェクからして軍事には全くの素人で、師団には何個の大隊が存在するのか、軽砲大隊にはいくつの輸送用そりが必要なのか皆目検討がつかない。また、彼の指揮下には精鋭のペトログラード騎兵連隊があるかと思えば、山賊の頭領のようなイエロヒモフが率いるトヴェーリ革命連隊があり、最も頼りになるのは、革命にもイデオロギーにもまるで無関心だが粘り強く忠誠心の篤いチュヴァシ人兵士――といった具合であった(ハシェク2020)。

ただ、ハイブリッドな軍事力行使が歴史的に珍しくないものであったということと、ロシアによるウクライナへの介入が世界を驚かせたということとは別段、相反する現象ではない。人類史全体としては普遍的な取引手段であり続けてきた物々交換を21世紀のコンビニで持ちかければ困惑を招くのと同様に、ロシアによるウクライナ介入の特殊性は、こうした歴史的手法を21世紀の欧州に持ち込んだ点にあったと言えよう。

では、このようなハイブリッドな戦争遂行方法を、ロシアはいかにして歴史の中から見出してきたのか――この点については第2章で詳しく検討することにしよう。

†ハイブリッド戦争に関する3つの論点

ハイブリッドな手段を用いるロシアの軍事戦略の起源について踏み込む前に、検討しておくべきことが3つある。

その第一は、ハイブリッドな軍事力行使という戦争遂行形態はなぜ選択されるのかという点だ。例えばハイブリッドな戦争主体について考えてみよう。第3章で見るように、民兵は統制に難があったり、訓練が不十分であったりする上、火力では正規軍に全く敵《かな》わない。民間軍事会社（PMC）になるとこれが多少はマシになるが、営利企業である彼らは時にクライアントの意向に反して利益確保に走ることがある。要するにハイブリッド戦争は何かと面倒なのだ。にもかかわらず、国家はなぜ戦争に非国家主体を巻き込もうとするのだろうか。

これについてマンスールは、ハイブリッド戦争が正規戦力で劣勢な側が用いる「弱者の戦略」であったことを指摘している。第二次世界大戦当時のソ連によるパルチザン戦略や毛沢東の人民戦争戦略に代表されるように、優勢な敵と戦うことを余儀なくされた側は、正面切った交戦を避け、比較的手薄な敵の兵站線などをゲリラ戦術によって攻撃するのが常であった。大規模な正規軍を持てないとか、あるいは手持ちの正規軍を敵の正規軍にぶつければ必敗であるといった状況で選択されるのがハイブリッド戦争だということである。この意味では、正規の軍事力で西側に対して劣勢にあるロシアがハイブリッドな軍事力行使を選択するのは当然の帰結ということになろう。

第二に、マンスールは、人々の情勢認識がハイブリッドな軍事力行使において決定的に重要であると指摘している。ハイブリッド戦術を用いる弱者にとって重要なのは、個別の戦闘に勝利することよりも、敵と戦い抜く上での支持を人民から得ることであり、これこそがゲリラ戦の主要な戦略目標なのである。

逆に言えば、戦争に対する人民の支持を失った時点でカッコ付きの「弱者」は本当の弱者に転落せざるをえず、敗北を避けられない。そこで重要になるのが、人々の情勢認識を左右するナラティブ（語り）を支配する力、すなわち情報領域での戦いであり、ここでは自らの正統性を証明できた側こそが優位に立つ。この意味で、ハイブリッド戦争は戦闘に参加する主体だけでなく、情報領域を左右するメディアや情報通信技術（ＩＣＴ）といった手段の面でもハイブリッドな様相を呈する。

しかも、これは戦争当事国の人民だけでなく、その成り行きを見守っている国際社会にも及ぶとマンスールは指摘する。戦場やその後方地域における軍事的な形勢はもちろん重要だが、それと同時に、オーディエンス（観衆）からもどれだけの支持が調達できるかがハイブリッドな軍事力を行使する側にとって死活的な意味を持つのである。米国がヴェトナムの戦場で圧倒的に勝利しながら、米国内と国際社会からは「侵略者」とみなされ、最終的に不名誉な撤退を余儀なくされたことはその好例と言えるだろう。

これとはやや異なるのは、第三の論点である。すなわち、「ハイブリッド戦争とは何を指すのか」、という定義の問題だ。

以上で見たマティスとホフマン、あるいはマンスールは、多様な主体と手段による武力闘争としてハイブリッド戦争を描いている。だが、ウクライナ危機以降の西側諸国では、ハイブリッド戦争の指すものが際限なく拡大解釈される傾向が見られた。NATOウェールズ・サミットにおける首脳宣言にあるように、これを「高度に統合された設計の下で用いられる公然・非公然の軍事・準軍事・民間の手段」と定義するならば、軍事力が行使されない局面も含めた、ロシアの対外的な行動全てがハイブリッド戦争であるということになりかねない。

例えばロシア政府は、ウクライナ危機以前から「スプートニク」や「ロシア・トゥデイ（RT）」などの宣伝メディアを駆使し、あるいはツイッターやフェイスブックなどのSNSを舞台として自国の立場を宣伝したり、西側政府の信頼を損なう偽情報を流布するといった情報戦を活発に展開してきた。さらにウクライナ危機や2016年の米大統領選介入疑惑を経た2010年代後半になると、ロシアへの警戒感を強めた西側諸国は、在外ロシア系住民や極右団体に対するロシア政府の支援、新型コロナウイルス対策援助など、あらゆるところにロシアのハイブリッド戦争を見出すようになった。

これらの活動が、西側中心の冷戦後秩序を覆すことを目的とするロシア政府の対外戦略――かつてジョージ・ケナンが「政治戦争」と名付け、現在では「地政学的ゲリラ戦」とか「地政学的リベンジ」と呼ばれるもの――であることは確かであろう。

だが、それはあくまでも軍事力行使の閾値下で行われることであり、もっと言ってしまえば、どの大国も多かれ少なかれ実施していることでもある。これをロシアの「軍事」戦略として理解しようとすれば、大きな誤解が生じることは避けられない。むしろ、本書で強調したいのは、ロシアが駆使する多様な闘争手段の中でも、軍事力は依然として大きな比重を占めているということである。

では、このような局面におけるロシアの軍事力行使は、古典的な戦争概念によってどこまで理解できるのか。それは異なる「性質」の戦争を意図したものであるのか、それとも「特徴」の変化に過ぎないのだろうか。以下では、この点について考えていくことにしよう。

第 2 章

現代ロシアの軍事思想

――「ハイブリッド戦争」論を再検討する

2018年12月、定例の外国武官団との年次会見に臨むゲラシモフ参謀総長(©AP/アフロ)

「国際関係においては、力のファクターが持つ役割は低下していない」

（『ロシア連邦国家安全保障戦略』２０１５年）

1　非軍事的闘争論の系譜

†ロシア軍参謀総長が語る21世紀の戦争

第1章で見たように、2014年のウクライナ危機は欧州の安全保障環境を大きく変えた。だが、西側諸国はなぜ、ウクライナ危機を予見できなかったのだろうか。ロシアが用いた「ハイブリッド」な手段や主体にこうも驚かされたのはなぜだろうか。何かが見落とされていたことは確かである。では、それは何なのか――西側の安全保障研究者や実務者たちは、2014年以降、この点について真剣に考えざるを得なくなった。

こうした中で注目を集めたのが、ロシアの軍事専門誌『軍需産業クーリエ』が2013年3月に掲載した1本の記事（Герасимов 2013）である。同年1月にロシア軍のヴァレリー・ゲラシモフ参謀総長が軍事科学アカデミーで行った演説を文字起こししたもので、演説の原題は「軍の使用に関する形態及び手段の発展傾向とその改善に関する軍事科学の課題」だが、記事の方は「予測における科学の価値」と題されている。

演説は、次のように始まる。

21世紀においては、戦争状態と平和の間の相違が取り払われる傾向があります。戦争はもはや宣言されることなく始まり、我々に馴染みのある形式によらず進行します。

北アフリカや中東におけるいわゆるカラー革命に関するものを含めて、近年の軍事紛争の傾向から言えるのは、全く平穏な国家がほんの数カ月とか、ことによると数日の間に過酷な武力紛争のアリーナに変わり、外国の激しい干渉が行われ、混沌のどん底、人道的な悲劇、そして内戦に陥るということです。

もちろん、「アラブの春」は戦争ではないのだから、我々軍人が学ぶことなどないのだと口にするのは簡単です。しかし、もしかするとことは逆であって、これらの出来事こそが21世紀の典型的な戦争なのではないでしょうか？

被害や破壊の規模、社会・経済・政治に対する破滅的な影響から見て、こうした新たなタイプの紛争は最も本格的な戦争のそれに匹敵します。

そして「戦争の法則」そのものが実質的に変化しています。政治的・戦略的な目標を達成するために非軍事的手段が果たす役割が増大しているのです。場合によっては、その効果は兵器の力をも超えます。

政治、経済、情報、人道、その他の非軍事的手段が広範に適用され、これが住民の抗議ポテンシャルと相互作用して具現化することで、敵対手段を使用する際の重点は変化します。ここに加わるのが、情報敵対の実施や特殊作戦部隊の活動を含めた非公然の性質を持つ軍事的手段です。ある段階で紛争が成功を収めそうだとなったら初めて、しばしば平和維持活動とか危機管理の体《てい》で公然たる軍事力の使用が行われます。

まるで1年後のウクライナ介入を予言しているようだ、という感想は、以上を一読した誰もが抱くものであろう。公式の宣戦布告なき戦争、非軍事的手段や「住民の抗議ポテンシャル」――(すなわち反政府分子や、より広範な国民の反政府的機運)の活用、情報戦や特殊作戦部隊の行使など、ゲラシモフ演説の内容は確かにウクライナで起きた事態と多くの共通性を持つ。

それだけに、この演説は、ウクライナ危機にショックを受けていた西側社会で大きな脚光を浴びた。ロシアは、古典的な戦争とは異なる戦争の形態を編み出してウクライナへの介入に用いたのであり、ゲラシモフの演説はその手法を描き出すものだと理解されたのである。

この演説に「ゲラシモフ・ドクトリン」という口当たりのよい通り名が付くと、事態はさらに加速した。「ゲラシモフ・ドクトリン」は、言論空間で「バズった」――つまり一種の流行語（バズ・ワード）化したのである。

†レーニンとクラウゼヴィッツの戦争理解

以上のような理解に立つならば、「戦争の法則」が変化したというゲラシモフ参謀総長の言葉は、戦争の「特徴」というよりも「性質」により深く関わるように思える。戦争は今や「我々に馴染みのある形式によらず進行し」、「非軍事的手段が果たす役割が増大」した結果、「敵対手段を使用する際の重点は変化し」ているとされているからだ。さらにこうした戦争においては、「ある段階で紛争が成功を収めそうだとなったら初めて、しばしば平和維持活動とか危機管理の体で公然たる軍事力の使用が行われ」るという。

これを果たして「ドクトリン」と呼ぶべきかどうかについては後段で検討するが、そこで語られている内容は確かに興味深い。では、こうした古典的戦争概念には収まりきらない戦争についての考え方はどこからやってきたのだろうか。

一つ確かなことは、これがゲラシモフの独創ではないということである。ロシア研究者のマーク・ガレオッティが述べるように、「ゲラシモフはタフで有能な参謀総長ではあるが、理論家ではない」（Galeotti 2016）。むしろゲラシモフ演説の描く戦争ビジョンは、ソ連時代から続いてきた非軍事的闘争の議論について、彼なりの言葉で軍人や軍事理論家たちに語りかけたものと理解した方がよいだろう。

この点について手掛かりになるのは、スペインのIE大学変動期ガバナンス・センターで研究部長を務めるオスカル・ジョンスソンの2019年の著書『ロシアの戦争理解』(Jonsson 2019) である。

ジョンスソンによれば、マルクスとエンゲルスの唯物論的世界観を基礎とするマルクス＝レーニン理論と、クラウゼヴィッツの戦争理論は、根本的な共通性を有していた。というのも、両者は、ある命題(テーゼ)とこれを否定する反命題(アンチテーゼ)との矛盾があらゆる運動の原動力であるとするヘーゲルの弁証法哲学から派生したものであったからである。唯物論ではこれが不可避的な階級闘争とその結果としての共産主義社会へ、クラウゼヴィッツの戦争理論では闘争のエスカレーションによる「絶対戦争」という総合(ジンテーゼ)に止揚《しよう》されることになっていた。いわば両者はOSを共有する関係にあった。

確かにレーニンは、クラウゼヴィッツのいう「戦争とは他を以てする政治の延長である」というテーゼについて、一定の批判を加えてはいる。クラウゼヴィッツは「政治」を「外交」と狭く捉えているのに対し、レーニンは「政治」とは階級闘争に他ならないというのである。だが、その主な手段が軍事的闘争であるという点については、レーニンは異議を唱えていない。むしろ、戦争の本質は単なる「強制力」ではなく、物理的な破壊をもたらす「暴力」であると強調する点で、レーニンの軍事理論はクラウゼヴィッツとの強い連続性を示していた。それゆえに、ソ連の軍事理論においては、資本主義社会が存在する限り共産主義ソ連との闘争は不可避であり、それは最終的に激しい軍事的闘争に至るとされた。

これに対して、「戦争は非軍事的手段によっても遂行される」という議論が存在しなかったわけではない。しかし、スターリンが赤軍大粛清を通じて軍人による自由な議論を徹底的に圧殺した結果、非レーニン的(≒非クラウゼヴィッツ的)な戦争理解は封印され、ソ連軍には戦争をもっぱら軍事的闘争と捉えるカルチャーが定着した。

†スリプチェンコの「非接触戦争」論

一方、ソ連崩壊後のロシアでは、戦争の概念をより拡大する必要性が軍事思想家たちの間で指摘されるようになった。ジョンスソンは、ロシア軍参謀本部が発行する軍事理論誌『軍事思想』に投稿された高級軍人たちの論文や軍事・安全保障政策に関する公式文書を詳細に分析し、その潮流を1990年代、2000年代、2010年代の3期に分けて類型化している。

1990年代の基調は「継続性」であり、戦争とは暴力を用いた軍事的闘争であるとい

世代	戦争の特徴	戦争の目的
第1世代（紀元前500-紀元900年）	原始的な武器を用いた素手による戦争	敵を打倒してその武器を奪うこと
第2世代（紀元900-1700年）	火器の使用、ある程度の距離における戦闘、沿岸における海戦	敵を打倒してその領土を支配すること
第3世代（紀元1700-1800年）	火力と正確性の増大、塹壕戦、世界の海洋における海戦	敵及びその経済・政治システムの打倒
第4世代（紀元1800-1945年）	自動化兵器、戦車、航空戦	敵の軍隊、経済・政治システムの打倒
第5世代（紀元1945-1990年）	核兵器と恐怖の均衡	核兵器によっては政治的目的は達成できない
第6世代戦争（紀元1990年-）	精密誘導兵器とこれに対する防衛手段、情報戦、電子戦	長距離非接触戦による敵の経済の打倒

表3　スリプチェンコによる戦争の世代区分
出典：Bukkvoll2011, pp.692

うソ連時代の理解が基本的に踏襲される傾向にあった。後述する情報戦などを用いた非軍事的闘争の可能性を指摘する声はあったものの、主流とはならず、多くの論者の関心は、古典的な軍事的闘争にハイテク技術をいかにして応用するかに向けられていた。

その代表的な論者である軍事科学アカデミー副総裁のウラジーミル・スリプチェンコによれば、人類の戦争形態は素手で戦う紀元前の「第1世代戦争」から始まって幾度かのパラダイム・シフトを経験しており、20世紀半ばには、核兵器の登場によって「第5世代戦争」時代に入った（表3）。これは戦場で敵味方が直接戦火を交える「接触戦争」から戦場に立ち入らずして戦う「非接触戦争」への抜本的なパラダイム変化であったが、核兵器によるそれは人類の絶滅につながる恐れがあり、したがって政治的目標を達成することのできない矛盾した戦争形態である。

これに対して、20世紀の終わりに登場した新たなパラダイムである「第6世代戦争」は、核兵器のような矛盾を引き起こさずして「非接触戦争」を遂行する可能性を秘めたものであるとスリプチェンコは述べる。

海や空から発射される精密誘導兵器（PGM）とこれらを効率的に機能させる情報通信技術（ICT）によって、核兵器に依存しない「非接触戦争」が主流になるだろうというのがその核心である。そして、このような戦争においては、戦場における直接戦闘の重要性は低下し、古典的な野戦軍は時代遅れになるという。

このような議論は、スリプチェンコに特有のものではない。ソ連のオガルコフ参謀総長は1970年代にはPGMとICTを組み合わせた新たな戦闘形態の革新（彼の言葉によれば「軍事における革命」）というビジョンを生み出していたし、スリプチェンコの議論は明らかにオガルコフの影響を受けている。

また、これとよく似た議論は米国でも行われていた。その代表格とされるのが、前述のクレピネヴィッチによる「軍事技術革命（MTR）」論だ。クレピネヴィッチの1994年の論文「騎兵からコンピュータへ」（Krepinevich 1994）によれば、テクノロジーの革新が新

14世紀	歩兵革命	・強力な長弓とこれを用いる戦術の出現。 ・歩兵の戦闘力が飛躍的に増加し、騎兵の役割が低下した。
15世紀	火砲革命	・冶金技術と火薬の進歩による火砲の射程増大と命中精度向上。 ・従来は防御側優位であった攻城戦が攻撃側優位となり、戦闘の主要局面が攻城戦から野戦へと転換。 ・工業力を持てる富裕な勢力の優位を加速させ、フランスやスペインにおける中央集権国家の成立を促進。
15-16世紀	帆船革命	・帆船の登場によって軍艦に重いものが載せられるようになる。 ・結果、艦砲が軍艦の標準装備となり、いち早く取り入れたヴェネチアが地中海の制海権を得る。
16世紀	要塞革命	・低く分厚い城壁から成る複合的な要塞システムにより、火砲に対抗できる要塞が再登場。 ・高価であるため普及度に限界があり、野戦の余地が残る。
16-17世紀	火薬革命	・甲冑を貫通できるマスケット銃と線形戦術の採用による連続的な射撃能力の出現。 ・スウェーデンのグスタフ・アドルフやプロイセンのフリードリヒ大王によって取り入れられ、それぞれの軍事的成功に貢献する。
17-18世紀	ナポレオン革命	・産業革命による兵器の標準化・高性能化・軽量化など。 ・徴集した国民による大規模な軍隊の出現。戦場で大きな損害を許容できるようになるとともに、攻城戦と野戦を同時に展開することが可能となる。 ・自律的な師団編制の出現、道路網や地図の整備による迅速な機動。
18-20世紀	地上戦革命	・鉄道による兵力の機動性と兵站能力の飛躍的向上、電信による指揮通信統制の高速化。 ・施条銃など銃砲の性能向上とこれによる塹壕戦の出現。
19-20世紀	海軍革命	・内燃機関を動力とする鋼製艦艇、潜水艦、魚雷による海戦の変革。 ・海上封鎖及び通商破壊戦術の出現。
20世紀	戦間期革命	・軍事力の機械化、航空機、無線・レーダーの登場。 ・電撃戦、空母航空戦、近代的な立体上陸作戦、戦略爆撃などの実現による紛争形態の変化。
20世紀	核革命	・核兵器と弾道ミサイルの組み合わせによる、人類史上かつてない破壊力と射程距離の実現。 ・軍事力が戦闘のためではなく抑止のために用いられるようになる。

表4　クレピネヴィッチの分類による過去10回のMTR
出典：クレピネヴィッチの議論をもとに筆者作成

たなシステム開発（新テクノロジーの兵器化）、運用上の革新（新兵器による新たな戦闘ドクトリン開発）、そして組織的受容（軍事組織による新兵器と新戦闘ドクトリンの採用）と結びつくことで、14世紀以降の西欧世界では10回の軍事技術革命が発生したという（表4）。さらにクレピネヴィッチは、ＰＧＭやＩＣＴの登場によって、20世紀末から11回目のＭＴＲが生起しつつあると主張するが（Krepinevich 2002）、これはスリプチェンコの「第6世代戦争」論と部分的に重なる。

†情報の力――メッスネルの「非線形戦争」論

ただ、スリプチェンコの議論は、単純に軍事的闘争のハイテク化を目指すものとは言い切れない部分がある。というのは、「第6世代戦争」の中核である「非接触戦争」は敵の戦闘力（軍事的闘争手段）ではなく、経済力を標的としたものであるとされていたためだ。ＰＧＭを用いて敵の経済力の80％を破壊すれば、国民は自国の政府を支持しなくなり、自発的に政府を打倒するだろうというのである。

これはかつての戦略爆撃論の焼き直しのようにも見えるが、実際にスリプチェンコの議論を参照してみると、彼のビジョンはさらに遠大であることが分かる。すなわち、ＰＧＭとＩＣＴの組み合わせは非接触戦争の序の口に過ぎず、21世紀の半ばには、地球の気象を操作して豪雨や地震を引き起こしたり、オゾン層に穴を開けたりする「攻撃」が可能になるというのである。さらにスリプチェンコは、超低周波の音響による人間の感情のコントロール、遺伝子技術によって特定の人種だけを狙う生物兵器、情報のコントロールによる敵国領土内での暴動・虐殺の惹起などが将来の戦争では主流になるというビジョンを提示している（Слипченко 2002）。

なかばオカルトじみたスリプチェンコの議論であるが、これがソ連崩壊後のロシアの軍事思想に与えたインパクトは非常に大きかった。「非接触戦争」は、古典的な地上軍の投入によらずして戦争に勝利する可能性を示唆するものであるという考え方が、ここから生まれてきたからである。

2000年代（ジョンスソンの分類では「混在期」）に入ると、この考え方はさらなる飛躍を遂げた。つまり、クラウゼヴィッツが言うように敵を屈服させて自らの意志を強要する活動が戦争なのだとすれば、そのための手段は何も暴力による軍事的闘争に限らないではないか——という議論が力を持ち始めたのである。

このような議論をここでは、非軍事的闘争論とまとめて呼ぶことにしたい。彼らの思想は2000年代以降、次第にスリプチェンコ的な「非接触戦争」を離れ、「接触的か非接触的かを問わず、物理的な暴力を伴わずとも、これと同等の目標を達成することは可能だ」という方向へ傾斜していった。

ここでは特に情報の力が重視された。メディアやインターネットの中で流通する情報を支配し、人々の認識をコントロールすることができれば、軍事力に頼らずとも敵国を混乱状態に陥れ壊滅させることができる――つまり、手段自体は非暴力的なものであったとしても、それがもたらす帰結自体は暴力的なものとなりうると考えられたのだった。

このような、「情報による戦争」という考え方を後押ししたのが、エフゲニー・メッスネルの思想である。

強烈な反共思想の持ち主であったメッスネルは、ロシア革命が勃発するとボリシェヴィキと戦うために白軍に身を投じ、ユーゴスラヴィアからアルゼンチンへと逃亡生活を続けながら著作を多数発表し続けた。メッスネルの目標は最終的にソ連の共産主義体制を打倒することであったから、彼の著作はソ連時代には発禁扱いであったが、ソ連崩壊によってこれが復権してきたのである。では、逃亡生活の中でメッスネルが訴え続けてきたこととは何だったのか。

メッスネルによれば、革命とは心理的な現象であり、したがって敵国民を対象とした心理的攻撃によって破壊することができるという（Мэсснер 1960）。

前述のように、ナポレオン時代に成立した国家間戦争は、国家の危機を自らの危機と捉える「国民」を不可欠の要素とするものであり、それゆえに大量の犠牲を払いながら「獰猛な戦争」を遂行することが可能となった。だが、メッスネルによると、現代の世界（彼の著作は主に第二次世界大戦後に書かれており、したがって、ここでいう「現代」は彼がアルゼンチンで客死する1970年代までを指す）では、このような国家と社会の関係は大きく変化した。国家はもはや神話的な地位を喪失し、自分自身を最優先するようになった個人は国家のために命を捧げることには消極的になったというのである（Мэсснер 1959）。したがって、現代の世界では、「より軽い、より大衆的な武器」、すなわち情報を通じた心理戦が決定的な意味を持つ、とメッスネルは述べる。

心理戦を主な手段とするこのような闘争を、メッスネルは「非線形戦争」と呼んだ。すなわち、今後の戦争は、ひとつながりの戦線を挟んで戦う形態（線形戦争）とはならず、あらゆる場所で人々の心理をめぐる戦いが繰り広げられるというのである。しかも、それは人々対人々の戦争となる。戦争目的が敵軍隊の壊滅とか領土の獲得ではない以上、戦闘の主体も標的も人々となるからだ。そして最後に、「非線形戦争」には平時と有事の区別は存在しない。心理戦には明確な始まりも終わりもなく、一見すると平和な時期にも絶え間なく続く。

†パナーリンの「情報地政学」理論

情報戦の考え方を体系的に理論化した思想家としては、イーゴリ・パナーリンが知られている。

パナーリンは、人類がテクノロジーによって生物圏に次ぐ「第二の自然」としての人智圏（ノウアスフィア）を作り出したのだというロシアの神秘思想家ヴェルナツキーらの思想を出発点とし、それゆえに情報は生物圏における物理力に相当する力を持つと主張する。特に21世紀においては、インターネットをはじめとするICTの登場によって情報の力はかつてなく高まっており、米国はこの力を使って情報地政学（IGP）、あるいは「情報戦争」とパナーリンが名付ける対外政策を展開しているという。

その主な手段は、ロシアに対するネガティブなイメージの拡散（ロシア嫌悪の地政学）、通貨市場の操作・混乱による自国通貨の優位獲得と敵国通貨の価値下落（ドルの地政学）、敵国の反体制派・分離主義勢力に対する扇動・支援（テロルの地政学）であり、こうして米国は戦争によらずしてロシアを封じ込めようとしてきたとパナーリンは主張する。

一方、パナーリンによれば、ソ連は情報の発信（プロパガンダ）には熱心だったが、情報の分析機能は非常にお粗末であった。つまりソ連は「言いっぱなし」だったのであり、発信された情報が自国や敵国の社会にどのような影響を及ぼすかは考慮されていなかった。

これに対して米国は、冷戦期から特殊機関と大資本が連携して社会空間全体における情報の流れを戦略的に分析し、その結果に基づいてどのような情報を発信すれば自国社会の世論を操作したり、敵国社会を動揺・分断できるかを把握して情報戦争を遂行してきたとパナーリンは述べる。ソ連の崩壊はまさにこうした米国の情報戦争が勝利した結果であり、このような戦争は冷戦後の現在もロシアを弱体化させるために継続されているという（Панарин 2006）。

冷戦期のソ連が西側での諜報活動とともに、政府要人・マスコミ・社会団体の抱き込み、醜聞や虚偽情報の拡散といった工作（アクティブ・メジャーズと総称される）を展開してきたことを考えれば、パナーリンの思想はかなり都合のよいものではある。しかし、こうした被害妄想的認識は、メッスネルの思想と並んで軍事思想家たちに強い影響を与えた。

†ロシアの疑心暗鬼

その背景としては、次の2点が挙げられよう。第一に、ソ連崩壊はまさにメッスネルやパナーリンが述べる通り、西側が情報を用いた「非線形戦争」に勝利した結果だという認識である。このような認識は1990年代から広く社会に浸透し、後述する「カラー革命」論の下敷きとなった。

第二に、技術革新が「非線形戦争」の威力を著しく増大させたという認識が1990年代以降に広がった。IT革命によってインターネットが普及した結果、これまでになく速く、広範に、しかも何らかの「中央」の統制を受けることなく情報を拡散させることが可能となったからである。メッスネルのいう国家と人々の関係性の変化にインターネットが結びつくならば、情報を手段とする心理戦は武力行使を伴わずして敵国の社会を不安定化させ、屈服させることが可能だという考え方が生まれてくるのはある意味で必然と言えよう。

特に大きなインパクトを持っていたのが、2010年代に中東・北アフリカで発生した「アラブの春」や、同じ頃にロシア各地で発生した反政府抗議運動と、これに続く一連の体制転換（カラー革命）であった。ポーランド国立大学のスースマンとクラデルが明らかにしているように、これらの体制転換には共通の民主化活動グループが関与し、西側諸国の政府・民間組織による資金援助、抵抗運動のノウハウに関するトレーニング、宣伝技術に関するコンサルティング、政治的支援を受けていたことは事実である（Sussman, Krader 2008）。

だが、ロシアはこれを自国やその友好国に対する米国の「非線形戦争」あるいは「情報戦争」の証拠であると拡大解釈した。ウクライナ紛争の直前まで在モスクワ米国大使を務めたマイケル・マクフォールが最近出版された回顧録の中で述べているように、「プーチンは野党指導者たちを裏切り者、つまりアメリカの手先と決めつけた。(中略)「カラー革命」の背後には、必ずアメリカがいるというのが彼の見方である」。そして、「プーチンと一部の側近は」ロシアでも「アメリカが体制転覆を画策していると本気で信じている」という(マクフォール2020)。

†軍隊は役立たずに?

こうして訪れた2010年代を、ジョンスソンは「変化期」と位置付ける。戦争の「性質」が変化したという認識がロシアの軍事思想家たちの間で強まり、ある種の合意が生まれたというのである。前述した「アラブの春」やロシア各地での反政府抗議運動では、汚職や不正選挙の証拠、これを糾弾する言論がブログやYouTubeなどの動画投稿サイトにアップされ、ツイッターやフェイスブックなどのSNSで拡散されるというよく似た経過をたどった。

しかも、こうして引き起こされたデモや、これを弾圧する政府機関、死傷者の映像は即時にSNSで拡散されることによってさらに多くの人々の目に留まり、義憤や怒りを掻き立てるという自己増幅的な効果を引き起こした。これを人為的に利用してやれば、1発の銃弾を撃つこともなく敵国政府を転覆することが可能であると考えられたのである。

例えば、標的とする国の政府の不正の証拠を暴いたり、これに類する偽情報をでっちあげたりして、組織的にSNSで拡散すればどうだろうか。さらには反政府的なメディアや社会活動団体、研究者などに平時から資金提供を行なって世論を誘導したり、経済封鎖を行って国民の生活を窮乏させたり、特殊部隊や民兵、サイバー攻撃を使って破壊工作を行えば、その効果はさらに増幅する……。こうした見通しの下に、今後の戦争では非軍事的手段が主となり、軍事的手段は後景に退くか、あるいは全く役立たずになるだろうと非軍事的闘争論は主張する。

しかも、彼らは決してロシア軍の中で異端の存在であったわけではない。ジョンスソンが『軍事思想』での議論に見出したように、非軍事的闘争論は次第に軍の中で多くの賛同者を集めるようになっていった。

最も象徴的なのは、マフムート・ガレーエフ将軍の変節であろう。2019年12月に世を去ったガレーエフはソ連きっての軍事思想家であり、『ロシア連邦軍事ドクトリン』の2010年版と2014年版の執筆にも携わったことで知られる。

そのガレーエフは当初、戦争とはあくまでも暴力による軍事的闘争であるというソ連時代の見解に固執していたが、2000年代以降は次第に考えを変え、2010年代に入ると戦争の「性質」が変化したという見解をはっきりと打ち出すようになった。すなわち、現代の世界では核兵器の存在によって大国間の全面戦争が不可能となる一方、国家間の対立・緊張は消滅していない。こうした状況下では暴力を用いる軍事的闘争＝戦争ではなく、それ以外の闘争手段が必要になる——というのである。つまり、それを戦争と名付けるかどうかは別として、非軍事的手段を用いて敵を屈服させ、我が意志を強要する方法は成立しうるということだ。

2 「永続戦争」の下にあるロシア

†「カラー革命」への脅威認識

既に述べたように、非軍事的手段による戦争が現実に起きているのだという認識は現在のロシアではかなり定着している。前述した「アラブの春」（2013年のゲラシモフ演説が中東動乱についての言及から始まっていることを想起されたい）や旧ソ連での「カラー革命」（2003年のグルジアにおける「バラ革命」、2004年のウクライナにおける「オレンジ革命」、2005年のキルギスタンにおける「チューリップ革命」と、色や花の名前を冠していることに因む)、そして2014年のウクライナ政変は、敵対的な政権を打倒するために西側が仕掛けている「非線形戦争」だというのである。

2014年のクリミア併合に際して行われた演説で、プーチン大統領が「ウクライナでの一連の事態の背景には(中略)政治家や権力者を支援する外国の支援者たち」が存在し、「そのような企みの糸を引いていた」と述べていたことはその好例である。

同年12月に改訂された『ロシア連邦軍事ドクトリン』(現時点における最新バージョン)でも、「軍事力、政治的・経済的・情報その他の非軍事的性格の手段の複合的な使用による国民の抗議ポテンシャルの広範な活用と特殊作戦」「間接的及び非対称的な手段の利用」「政治勢力、社会運動に対して外部から財政支援及び指示を与えること」などが現代の軍事紛争の特徴として挙げられた。

ロシア側の言辞は、多くの場合、自国の行動を正当化するレトリックであると西側では理解されてきた。しかし、ジョンスソンが描き出す現代ロシアの軍事思想史をたどってみると、こうした理解は一面的であるということになろう。それが一種の被害妄想であるとしても、主観的にはロシアは西側の「非線形戦争」に晒されているのである。この点は、ロシアのナショナリズム研究や言説研究においても同じような結論が見られる。

だが、メッスネルの言うように、「非線形戦争」には始まりもなければ終わりもない。とするならば、この戦争は永続的なものであり、ロシアは永久にそこから逃れられないということになる。唯一、終わりがあるとすれば、それはロシアの価値観を受け入れない西側陣営が自らの自由民主主義的な価値観を放棄するときであろう。

このような見方は、革命後のソ連の軍事理論と通底する。ソ連の軍事理論は戦争の原因を搾取階級と被搾取階級の対立に求めており、したがって搾取階級が存在する限りは完全な平和というものはあり得ないと見なされた。仮に暴力を用いた軍事的闘争がない期間であっても、それは緊張や対立を孕んだものだったのであり、いずれ軍事的闘争に発展することが不可避な性質のものであった。

もちろん、現在のロシアは共産主義イデオロギーに基づく国家ではないが、西側とは異質な政治体制であることを強く自認し、それゆえに（非軍事的な）攻撃を受け続けていると見る。

例えば、『ロシア連邦国家安全保障戦略』は「伝統的なロシアの精神的・道徳的価値観が復活しつつある。新たな世代の人々の間には、ロシアの歴史に対する正しい態度が生まれている。ロシアの自由と独立、人道主義、人種間の平和と協調、ロシア連邦の多民族的文化の統合、家族的・宗教的伝統の尊重、愛国心など、国家体制の基礎を成す一般的価値を中心として、市民社会の結束が起こっている」（第11項）と述べる一方で、米国との関係を次のように概括している。

すなわち、ロシアと西側の間で現在生じている緊張関係は、内政や対外政策で自律的な道を歩もうとする前者を後者が抑え込もうとしていることに根本的な原因がある。そして、このような抑え込み政策の手段として、西側は軍事的手段だけでなく、政治・経済・情報などあらゆる手段を用いている——というのである。

まとめるならば、今やロシアは絶え間ない西側との「非線形戦争」——いわば「永続戦争」の戦時下にあると認識されているということになろう。

†戦場としての言論空間

そして、「非線形戦争」の主戦場は物理的空間には存在しない。それが人々の認識や価値観をめぐるものである以上、戦いは人々の頭の中で繰り広げられていることになるからだ。

こうした認識に基づいて、非軍事的闘争論者の多くは愛国教育、特に若者たちに対するそれの重要性を強調している（Bērzin 2014）。ロシアの政治体制は正しく、それゆえに西側から攻撃を受けているのだという揺るぎない認識を定着させることこそが「非線形戦争」

における戦闘手段なのであって、「永続戦争」を勝ち抜く鍵にほかならない。

いくつか具体例を挙げてみよう。プーチン政権下のロシアでは、新聞やテレビといったマスメディアへの国家統制が進められてきたが、2010年代に入るとこれがインターネット空間にも及び始めた。その背景にあったのは、「アラブの春」や旧ソ連での反政府抗議運動においてインターネットが果たした役割である。

プーチン政権がまず手をつけたのは、ブログやSNSでの言論を萎縮させることだった。特にアクセス数の多い有力ブロガーに実名を義務付けたり、その一部を見せしめ的に逮捕・起訴したり、さらには政権に従わないインターネットメディアが閉鎖されるといった事態が相次ぐようになった。

また、この間には一連の法改正が行われ、情報機関が国民のインターネット通信を自由に監視できるようになったほか、ネットユーザーの個人情報を必ずロシア国内のサーバーに保存すること（つまり情報機関の監視を逃れられないようにすること）が義務付けられ、さらにアクセス元を偽装するために用いられるVPNソフトの頒布も禁止された。

インターネットが不可欠の社会インフラ化していることはロシアでも同様であり、ロシア政府としても経済や社会のIT化は熱心に進めている。だが、それはあくまでも反政権的なものであってはならないということだ。

ちなみに、ロシアはこうした一連の施策を「情報安全保障」と呼んでいるが、これは西側でいう「サイバー安全保障」とは似て非なる概念である。西側がインターネットの適正な利用の確保を目的とし、その限りにおいて言論の自由を認めているのに対し、ロシアがいう「情報安全保障」とはインターネット上における言論の「中身」を問題に含めているからだ。

†NGOを「外国の手先」と認定

ロシア政府がもう一つのターゲットとしているのは、様々な非政府団体（NGO）である。ひとくちにNGOといってもその活動範囲は非常に幅広いが、ここでいうNGOとはシンクタンク、人権団体、世論調査機関、民間選挙監視団体などを指す。冷戦後の米国は民主化支援政策の一環としてこうした広義の政治NGOに対する支援を行なってきたため、ロシア政府は彼らを「カラー革命」の手先と見なし、取り締まりを強化していった。

特に有名なのは2012年に施行されたNGO法の改正で、外国から資金援助を受けている団体を「外国のエージェント」と規定したことから、通称「外国エージェント法」と呼ばれる。「エージェント」は英語で「代理人」などを意味し、ロシア語の「アゲント」も同様だが、この言葉にはもっとあからさまな意味もある。すなわち「手先」とか「スパイ」だ。

ただ、「外国エージェント法」の中身を実際に読んでみると、その内容は意外にもそう手厳しいものではない。外国の援助を受けているNGOはその旨政府機関に申告して登録を受けること、四半期ごとに財務状況を申告すること、半年に一回は活動報告を行うこと——などがその骨子であり、この程度であれば米国などにも同じような制度がある。

だが問題は、法律の文言を実際にどう運用するかである。国際人権監視団体「アムネスティ・インターナショナル」によると、ロシア政府はこの法律をNGO弾圧の口実として用いている。

例えば、「外国のエージェント」に該当するのに（もっとも、これは恣意的に認定される）その旨を申告しなかった、申告はしたが書類に不備があった、といった些細な理由でいきなりNGOを起訴し、高額の罰金を科して活動不能にしてしまうのである。そこまではいかずとも、2012年以降のロシアではちょっとした理由で警察がNGOに家宅捜索を行うようになり、その数は施行からわずか1年で1000件以上に及んだという（Amnesty International 2013）。

当局としては「法律通りやっているだけで民主化弾圧などではない」と言いたいのだろうが、エリカ・フランツが指摘するように、現代の権威主義体制ではむき出しの暴力を、監視・訴訟・短期の拘束といった「低烈度の抑圧」と組み合わせて用いることが多い（フランツ2021）。プーチン政権によるとNGOへの処遇は、まさにその典型と見ることができる。

さらに2015年には刑法典が改正され、以上のような手続き上の違反には懲役を含む刑事罰が科されるようになったほか、ロシア政府が治安・国防上の理由で「望ましくない」と判断したNGOについては特段の理由がなくても活動停止を命じることができるようになった。その後も「外国エージェント法」の適用範囲は際限なく拡大されており、2017年には外国メディアが、2020年には外国から資金援助を受けた個人までも「外国のエージェント」と認定する改正が施行されている。

†若者の心を摑め

このような締め付けの一方で、ロシア政府は国民の愛国心や忠誠心を高め、政治体制や政策への支持を取り付けるための戦略も展開している。このうち、比較的想像しやすいのはメディアやインターネットを使った宣伝であろう。これらの空間は日に日にプロパガンダ色を強めており、特にマスメディアでは政府に対する批判的な報道が激減する一方、政府に対する肯定的な報道や西側批判は増加していく傾向が見られる。

これに加えて、ロシア政府は若者を対象とした愛国教育にも熱心だ。

特に目立つのは、国防省の外郭団体として2016年に設立された児童・青年組織「ユナルミヤ（若き軍隊）」である。下は8歳から上は高校生くらいまでを対象とした一種のボーイスカウト組織で、スポーツ、キャンプ、奉仕活動、マーチングバンド、軍隊での実習など様々な活動を通じて若者の愛国心を涵養《かんよう》することを目的に掲げている。設置当初、ユナルミヤのメンバーは2万6000人程度であったが、2021年初頭時点では77万4000人にも上っているというから、兄貴分であるロシア軍にも迫る規模ということになる。

当然、その運営は軍隊式である。メンバーにはカーキ色に赤いベレーという揃いの制服が支給され、教師として配属される軍人の指導で行進の仕方や小銃の分解結合といった基礎的軍事訓練も受けるという。さらにこの数年、ユナルミヤは毎年5月9日の対独戦勝記念パレードでロシア軍部隊とともに赤の広場を行進するようになった。その様子を見ると、緊張でこわばった顔あり、晴れがましい顔ありでなかなか微笑ましいものがあるが、こうして本物の軍隊と肩を並べて大統領の前を行進する経験は、確かに一生ものの記憶となろう。

ユナルミヤの設立と並行してロシア国防省が進めてきた愛国教育のもう一つの目玉が、愛国者公園（パルク・パトリオート）の整備である。その第一号は2015年にモスクワ郊外のクビンカにオープンしたもので、広大な敷地内には新旧の兵器を並べた広場、屋内展示パヴィリオン、講演会が行われるホール、戦時中のパルチザン生活が体験できるキャンプ場、本物の装甲車に乗ってサバイバルゲームができるフィールドなど、若者たちの興味を惹きそうな施設が目白押しに詰まっている。これほどの豪華施設をロシア全土に建設するのは難しいため、モスクワ以外ではもともとあった施設を改修するなどして使っているところが多いようだが、こうした場所でも、制服姿の軍人が子供たちを引率して、あれこれ解説したり質問に答える場面に遭遇することは少なくない。

日本ではともかく、こうした愛国教育は世界的には珍しいものではないし、いわばロシアの勝手であるから、筆者がどうこう言う権利はあるまい（そもそも軍事オタクである筆者自身も、愛国者公園を幾度となく訪れている）。ただ、愛国者公園のサバイバルゲーム場内にドイツの国会議事堂を模したバラックが建てられているのを見かけたときには思わず「ウッ」と引いてしまった。ドイツ国会議事堂に赤旗を立てるソ連軍兵士の写真は、ソ連の偉大な勝利を象徴するものとして現在もあちこちで目にする。それにならって君たちもドイツの国会議事堂に突撃をかけよう！　というイベントなのだと思われるが、一国の国防省がここまでやるものだろうか——といわく言い難いものを抱いたのも事実であった。

こうして見ると、プーチン政権は一種の強迫観念に囚われているのではないかと思えてくる。社会を徹底的に監視し、不満分子を抑え込み、若者に愛国教育を施しておかなければ、ロシアの社会は西側の「非線形戦争」にあっさりと屈し、政権が転覆させられてしまうに違いない――そうした強烈な猜疑心がその背景には透けて見える。

というよりも、プーチン政権の高官たちはこうした世界観を全く隠そうとしていない。前述したプーチン大統領のクリミア併合演説はその一例だが、ここではもう一つ、2020年10月に開催された有識者会合「ヴァルダイ会議」でのプーチン大統領の演説を紹介しておこう。「パンデミックの教訓と新たな課題――いかにして世界的危機を平和のチャンスにするか」という共通論題で開催された会議の最終日、プーチン大統領は独自の市民社会論を展開した。

プーチン大統領が第一に主張したのは、コロナ危機は国家の重要性を改めて確認したということである。国家はやがて社会の表舞台から退場するという議論は当面実現しそうもなく、現在のような新たな危機の時代にあっては特にそうなのだという。

しかし、第二に、危機の中で全ての国家がうまくやれるわけではない。プーチン大統領は、「強い国家」だけが危機を生き残る力を持つと指摘する。では、「強い国家」とは何か？　それは国民から信頼されていること――「選出された権力者に幅広い権限を委譲する準備ができていること」だとプーチン大統領は述べる。

そして第三に、プーチン大統領は市民の声に対して突然疑り深い視線を向け始める。曰く、市民社会の声を聴くことは大事だが、その「声」は本物なのか？　誰かが裏から囁いたものではないのか？　善意を装った外国の世論操作ではないのか？――プーチン大統領の口ぶりは、自発的な意思を持った市民という概念そのものへの強い疑いに満ちている。マクフォールに言わせれば、「背後で操るものがいなければ、大衆は立ち上がらない。大衆は国家の道具や手段であり、ものを動かすテコである」というのがプーチンの世界観なのである。

そして、この種の世界観においては、市民社会とは外国による「非線形戦争」のターゲットに他ならず、だからこそロシアは強い国家権力によってこれに備えなければならない、ということになろう。

†ロシアはなぜ米国大統領選に介入したか

人心をめぐる戦いの舞台はロシア国内にとどまらない。西側が「非線形戦争」を仕掛けているとするならば、何らかの方法でこれを抑止する必要があるということに（ロシアの主観では）なるからだ。

だが、一般的に「抑止」と翻訳されるロシア語のсдерживаниеは、日本語のそれや英語のdeterrenceとはやや異なる。deterrenceや抑止が相手を「思いとどまらせること」を意味し、全体的に非接触的なイメージを喚起するのに対して、сдерживаниеは、むしろ「抑え込み」（containment）に近い概念であって、限定的に実力を行使して「適度なダメージ」を与えることにより相手の行動を変容させるという、より接触的なイメージに基づく（Fink and Kofman 2020, Charap 2020）。ロシアの言う「抑止」とは「こっちに来るな！」と叫んで威嚇《いかく》するだけではなく、実際に小突きまわして恐怖を抱かせるような行動を指すのである。

こうした抑止概念は、ロシアの政策文書において「戦略的抑止」という形で定式化されている。『ロシア連邦国家安全保障戦略』によると、戦略的抑止とは「軍事力行使の予防とロシアの主権・領土的一体性の保護を目的とした相互に関連する政治・軍事・軍事技術・外交・経済・情報及びその他の手段」によって担われるとされている。ここで興味深いのは、抑止の手段が物理的な力に限定されていないことであろう。相手を怯ませるための「適度なダメージ」は、あらゆる領域で行使されるのである。

2016年に発覚して国際的なスキャンダルとなった米国大統領選への介入、いわゆる「ロシアゲート」事件はその好例だ。サイバー攻撃による米国民主党陣営の内部情報の暴露、インターネット空間における偽情報の流布（その典型はクリントン一家が児童人身売買に関わっているというもので、その拠点とされたピザチェーンが襲撃を受けるという「ピザゲート」事件を引き起こした）、そしてトランプ陣営との「共謀」疑惑――これらの出来事は、「弱い」はずのロシアが超大国米国の内政を揺るがした前代未聞の事件として世界を驚かせた。

「ロシアゲート」に限らず、ロシアは欧米諸国に対して恒常的なサイバー攻撃や情報戦を仕掛け、あるいは西側諸国の反体制派や分離独立主義者に有形無形の支援を与えたり、政府高官の買収や懐柔を行なっている。しかし、前述したロシア的理解に基づくならば、これは攻撃ではなく、あくまでも抑止ということになる。つまり、「適度なダメージ」の惹起によって西側によるロシアへの攻撃（と考える民主化支援や経済制裁など）を手控えさせようというのがロシアの思惑であると考えられる。

ただ、抑止が機能するためには、抑止される側が自らの攻撃意図を認識していなければならない。西側が行なってきたロシアや旧ソ連での民主化支援がロシアを苛立たせ、実際に体制転換や反体制的な組織の活動に繋がってきたことは事実であるとしても、西側がこれをロシアに対する攻撃と認識していないのであれば、ロシアによる「戦略的抑止」は逆に攻撃と映る。

このような悪循環は2014年のウクライナ危機で最高潮に達した。ロシア側はこの出来事を西側による「非線形戦争」の最新事例と見做し、西側は西側でロシアが「ハイブリッド戦争」を仕掛けてきたという認識を持ったからである。「抑止」のつもりで行ったことが相手の脅威認識を高め、反作用を生んで、それがさらなる「抑止」手段の強化へとつながる——現在のロシアと西側の関係性には、「安全保障のジレンマ」と呼ばれる悪循環の典型を見出すことができよう。

3 「カラー革命」に備えて——ロシア国内を睨む軍事力

†プーチンの「親衛隊」

「汚職撲滅」や「金返せ」というプラカードを掲げた私服の男たちに盾と警棒で武装した兵士たちが襲い掛かる。上空にはヘリコプターが周回し、暴徒に放水を行なって解散させようとする——モスクワ郊外のミャチニコヴォ飛行場跡地で行われた暴徒鎮圧訓練の一コマである。ロシアの民主化NGO「開かれたロシア」が当時の映像を入手してYouTubeで公開したもので、「国家親衛軍によるモスクワ郊外での秘密演習 2016年4月7日」と題されている。

国家親衛軍（国家警備隊などとも訳される。ロシア語での通称は「ロスグヴァルディア」）というのは耳慣れない組織名だが、実はその2日前の2016年4月5日に大統領令第157号「ロシア連邦国家親衛軍庁に関する諸問題」で設立が命じられたばかりのものであった。ロシア連邦国家親衛軍庁（FSVNG）と呼ばれる新たな行政機関を設置し、従来は内務省の下にあった内乱鎮圧のための重武装部隊である国内軍（VV）や同じく内務省の警察機構が管轄していた機動隊（OMON）などを国家親衛軍（VNG）に統合せよというのがその骨子である。FSVNGの長官は大統領が任免するので、内務大臣の下にあった各種の治安関連部隊が根こそぎ大統領の直轄下に置かれたことになる。

このような大統領直轄治安組織を設立する構想は、ソ連末期から幾度とも浮上しては消えてきたのだが、2010年代において顕著だったのは、それがロシア版「カラー革命」の阻止と関連づけられて論じられてきたことである。

例えば2012年4月（これは一時期首相に退いていたプーチン氏が大統領職に復帰する直前のタイミングであった）に『独立新聞』系の軍事専門誌『独立軍事展望』が報じたところによると、当時のロシア政府内では、旧ソ連での「カラー革命」や2011年末以降の大規模反政府抗議運動によって体制維持への危機感が高まり、大統領直轄の治安機関を設置する構想が持ち上がっていたという。その直後、ロシア政府はこの情報を事実無根であるとして否定する声明を発表しているが、2016年には実際にFSVNGが設立されたことを考えると、なんらかの観測気球であった可能性は高そうだ。

2012年の報道が空振りに終わった後も、体制維持に関するプーチン政権の懸念は高まるばかりであった。2010年代初頭から中東・北アフリカに燃え広がった「アラブの春」によって権威主義体制が相次いで打倒され、2014年には「勢力圏」の中核ともいえるウクライナでも政変が勃発したためである。これらの出来事が非軍事的闘争論の台頭につながったことは既に述べた通りであるが、プーチン政権が自国でも同じような事態が起きることを恐れて治安機関の再編成に乗り出したという可能性は大いに考えられよう(Renz 2018)。

また、FSVNGが設立された2016年の秋には、2011〜12年の反政府抗議運動以来初となる下院総選挙が予定されており、2018年には大統領選挙が控えていた。こうした政治日程を考えると、何がしかのきっかけでプーチン政権に対する国民の不満が爆発し、状況が手に負えないほどエスカレートするという状況はプーチン政権にとって非常に差し迫った懸念であったはずだ。

各種の国内統制政策が「戦略抑止」の手段であるとするならば、国家親衛軍とはそれが破れ、ロシア版「カラー革命」が起きてしまった場合に備えるための存在ということになる。米ウィルソン・センターの軍事研究員ジェイソン・グレシュが述べるように、国家親衛軍は「プーチンが恐れるものの象徴」なのである（Gresh 2020）。

†国家親衛軍をめぐる権力関係

ちなみに、FSVNGの長官は2016年の創設時から現在に至るまで、ヴィクトル・ゾロトフ氏が務めている。同人はKGBの要人警護部門である第9局（のちのFSO）でボディガードとしてキャリアをスタートさせ、エリツィン大統領やサンクトペテルブルグ市長のアナトリー・サプチャクの警護を担当してきた人物だ。さらにゾロトフはサプチャクの下で副市長であった当時のプーチンの知己を得て、ボクシングや柔道のパートナーを務めるようになり、さらにプーチン政権成立後はFSO次官兼大統領保安局長官に就任した。

つまり、プーチン大統領がFSVGN長官に選んだのは、文字通りの側近であったことになる。カーネギー財団モスクワ・センターのタチアナ・スタノヴァヤが述べるように、これは国内情勢の不安定化という極限状況において内務大臣の「手が震える」、つまり実力行使をためらうような事態を排除するための人事であると考えられよう（Становая 2016.4.7）。内務大臣を介在させずに、大統領の一存で動かせる治安部隊が必要なのだということだ。その2年前の2014年、プーチン大統領はゾロトフをVV総司令官に就任させるというサプライズ人事を行なっているが、クレムリン内ではこの頃から、大統領直轄の軍事組織を設置するという構想が本格化していたものと見られる。

また、これもスタノヴァヤが指摘していることだが、プーチン大統領は軍事・情報・治安機関(「力の省庁」とか「シロヴィキ」と総称される)のうち一つが突出した力を持つことを好まない。したがって国家親衛軍の独立には、内務省の弱体化によって「力の省庁」間のバランスを取る狙いもあったというのがスタノヴァヤの見立てである。米外国軍事情報局(FMSO)のトーマスもまた、国家親衛軍設立の背景には「力の省庁」間のパワーバランスを維持し、治安機関が反体制側に寝返った場合でも確実に大統領権力を守ってくれる実力組織を確保しておくことが国家親衛軍設立の大きな狙いであったと見る(Thomas 2017)。

ただ、これを「力の省庁」側から見ると、ゾロトフの急台頭は強力なライバルの出現と映る。これについて興味深いのは、国家安全保障会議におけるFSVNG長官の地位が短期間に変更されたことである。FSVNGの設立と同時にプーチン大統領が署名した大統領令では、FSVNG長官に国家安全保障会議常任委員の地位が与えられることになっていたが、これは首相、上下院議長、外相、国防相といった重要閣僚クラスの扱いであった(財相、法相、非常事態相、税務長官、検事総長、参謀総長でさえヒラの委員とされている)。新設の庁の長官としては明らかに破格の待遇であったが、その直後に新たな大統領令によってFS

VNG長官はヒラ委員に変更されており、新たな「力の省庁」をめぐって政権内に何らかの権力闘争があったことが窺われよう。

†ゲラシモフ演説に見る脅威認識

ところで、国家親衛軍が備えるところの「カラー革命」が外国による干渉の結果として生じるものであると見なされているとすれば、これは単なる内政問題ではなく、広義の国防に属するものということにもなろう。実際、前述した2013年のゲラシモフ参謀総長演説は、こうした介入をロシアが外国から受ける可能性に対する警戒的なトーンで彩られていた。

ゲラシモフによると、今日の紛争では有事に敵の特殊作戦部隊が大規模に投入されるようになっているため、有事における住民、施設、通信の保護に関する重要性がかつてよりも高まっている。しかし、規模が削減された現在のロシア軍ではこれら全てをカバーすることは不可能であるため、国家の全武力機関を複合的に運用してこれに当たらなければならない、という。

ただ、ゲラシモフは、こうした省庁横断型協力の中心にはあくまでも軍（参謀本部）が据えられるべきであることもさりげなく述べている。「カラー革命」の対処を直接に担うのは国家親衛軍であるとしても、それが国防の領域に属する以上は、オペレーション全体の指揮権はあくまでも軍が担うべきだということである。

この意味では、２０１４年に国家防衛指揮センター（ＮＴｓＵＯ）が参謀本部内に設置されたことは注目に値しよう。参謀本部はこの少し前、戦略核部隊を除く全ロシア軍を統一的に指揮するための総司令部としてロシア連邦軍中央指揮所を立ち上げていたが、これを発展させる形で設置されたＮＴｓＵＯには、内務省国内軍（のちの国家親衛軍）、ＦＳＢ国境警備隊、非常事態省などの準軍事組織、さらには現地の連邦構成主体政府の活動を調整する機能を与えられた。

これにより、参謀本部は広義の国防に関するオペレーション全体の中心に位置づけられたと言えるだろう。ＮＴｓＵＯの設立から5年を経た２０１９年に同センター司令官のミジンツェフ大将が述べたところによると、この時点で同センターには70を超える連邦行政機関、全ての連邦構成主体、１３００を超える国営・国防企業が接続されていたとされる。

また、興味深いのは、ＮＴｓＵＯの中核を成すスーパーコンピュータ（通称「ＮＴｓＵＯスパコン」）が広範な状況監視能力とこれに基づく情勢予測能力を備えているとされる点である。すなわち、外国軍の動き、交通機関の混雑度、メディアリリース、ＳＮＳへの投稿などをリアルタイムで監視し（外国語については6カ国語を自動翻訳する）、これを独自の数学モデルで処理することによって今後の事態の推移や脅威の出現を予測することができるという。ショイグ国防相によれば、「状況は（1999年のNATO空爆の際に）セルビアで起きた事態と90％の確率で類似しています、マイ・フレンド」などと教えてくれるそうだ。

ロシア軍のコンピュータが本当に「マイ・フレンド」などと言うのかは別として（多分言わないのだろう）、この種の能力は軍事紛争だけでなく、より複雑で予測しにくい国内情勢の不安定化に対処する上で役立ちそうだということは想像がつく。ロシア側はNTsUOスパコンがヴェネズエラの政変、ボリビアのクーデター、香港での反政府運動などを事前に予測していたと豪語しており、これが事実ならば、当然ロシア国内の状況も監視・予測の対象に入っていると考えるべきであろう。

†コロナ危機とプーチン政権

「プーチンの恐れるもの」は、近年のロシアにおいてより明確な形を取りつつあるように思われる。2020年はそのような傾向が特に強まった年であった。

折からの原油価格低迷による経済停滞と、ウクライナ危機以降の西側による経済制裁というダブルパンチによって、プーチン政権に対する支持率は2010年代を通じて徐々に低下する傾向にあった。これをトリプルパンチにしたのが2020年の新型コロナウイルス危機であり、経済のさらなる減速は国民の不満を急激に高めた。権威主義的な統治を受け入れる代わりに社会の安定と生活水準の向上を享受するというのが、2000年代のロシアで成立した「社会契約」であったとするならば、2010年代はその前提条件が揺らぎ始めた時期であり、新型コロナウイルス危機はそこに更なる一撃を加えたものと言えるだろう。

また、2020年8月9日のベラルーシ大統領選では、選挙の過程で大規模な不正があったとして国民の抗議活動がかつてない規模で盛り上がった。その背景にあったのは1994年から四半世紀以上にわたって事実上の独裁体制を敷いてきたルカシェンコ大統領への不満、汚職の蔓延、経済停滞による生活水準の悪化などであったが、こうした事情は現在のロシアにもほぼ当てはまる。ルカシェンコ政権は抗議運動を断固として抑え込み、その指導者たちを国外追放するなどして当面の危機を脱したが、同じような事態は今後とも、あるいはロシアでも起きかねない――というのがプーチン政権の描く悪夢のシナリオであろう。

こうした懸念は理屈の上では理解できないことはない。だが、そうなると次に浮かんでくるのは、国内への締め付けや愛国教育が本当に有効な対処策たりえるのか？　という疑問である。いかにプーチン政権がインターネットやNGOへの統制を強めたとしても、その厳しさはソ連時代の比ではない。ソ連には言論の自由など事実上存在せず、手紙や電話が検閲されていることは公然の秘密であった。若者の組織化もソ連ではユナルミヤなど比べ物にならない規模で実施されており、ピオネール（少年団）やコムソモール（青年団）のネットワークが張りめぐらされていた。だが、ここまでやっても結局、ソ連は崩壊したのである。

とするならば、「プーチンの恐れるもの」は、現在のロシア政府が考えているのとはまた別の意味で真実味を持つのではないか。つまり、経済や社会といった人々の肌感覚に直結する分野での改革を怠り、旧来の権力構造維持のために強権的な手法に頼るほどに、社会の不満は募り、「プーチンの恐れるもの」は少しずつ実体を伴っていく——そんなメカニズムがロシアの中に（今は萌芽としてだが）生まれつつあるように思われるのである。この点については、「おわりに」における将来展望の一環としてもう一度考えてみることにしよう。

4　それでも戦争の中心に留まる軍事力

ロシアの軍事思想家たちの間で論じられてきた非軍事的闘争論、プーチン政権が恐れてきた「カラー革命」とこれに対する硬軟様々の対策——こうした文脈を踏まえてみると、世界に衝撃を与えたゲラシモフ演説の内容は、決して「革命」的なものであったわけではない。つまり、それは従来の潮流から大きく外れて跛行《はこう》的に出現したのではなく、むしろソ連時代からソ連崩壊後にかけての歴史の延長として「発展」的に生まれてきたということである。

ただ、もっぱら非軍事的手段を用いた闘争という議論が、軍事思想家たちの間で盛り上がりを見せたことは事実であるとしても、それがどこまで妥当であり、現実の軍事政策にどれだけ反映されているのかはまた別の検討課題であろう。非軍事的手段が軍事的手段に取って代わるというビジョンは本当に現実的と言えるのか。『軍事ドクトリン』やゲラシモフの演説にも登場したこれらの概念は、実際にどのような形で軍事戦略に反映されているのか——などである。

結論を先に述べるならば、非軍事的手段は戦争の「性質」そのものを変えるとまでは言えず、軍事力は依然として戦争の主役であり続けている、というのが筆者の考えである。

ここまで本章で見てきた通り、確かに現在のロシアでは情報空間が「非線形戦争」の戦場と認識されており、国内統制が広義の国防と捉えられる傾向がある。だが、これはあくまでも暴力の行使という閾値を超えない範囲での話であって、ひとたび大規模に暴力が行使される事態が起これば、やはり軍事力が中心とならざるを得ない。

ロシアが実際に行なった軍事介入や大規模演習の動向もこれを裏付ける。後述するように、これらの諸事例において中心的な役割を果たしているのは軍事的闘争手段＝古典的な軍事力そのものであって、非軍事的手段はその威力を増大させる「増幅装置」や補助手段と位置付けられてきた。言うなれば、非軍事的手段は戦争の「特徴」を変えるものではあっても、「性質」の変化にまで及ぶものとは言い難い、ということになる。

では、非軍事的手段は軍事的手段をどのように「増幅」するのか。そのような戦争はいかなるものとなるのか。

†ゲラシモフ演説を読み直す

まずはゲラシモフ演説に立ち戻ってみよう。ありがちなことだが、有名な書物や演説は（知名度や思想的なインパクトとは裏腹に）その全体的な論調に基づいて論じられないことが多い。ゲラシモフの演説も同様であって、その全体像を把握しないことには、ごく一面的な理解に陥ることは避けられまい。

そこで筆者は本書の執筆に先立ち、ゲラシモフ参謀総長が行なった演説の何本かを全訳して個人サイトにアップロードしてみた。これらを通読してみると、全体を通じたゲラシモフの論調は、一般的に言われているそれとはかなり異なっている。一連の演説において、ゲラシモフは確かに非軍事的手段による闘争の重要性について触れてはいるものの、それが戦争の主役になるという風には読み取れない。カザン高等戦車指揮学校を卒業し、キャリアの大部分を戦車部隊指揮官として過ごしてきたゲラシモフの関心は、一貫して古典的な火力の発揮に向けられているのである。

例えば「ハイブリッド戦争」との関連で注目された2013年の演説を改めて取り上げてみよう。「アラブの春」が21世紀の典型的な戦争なのかもしれない、と述べた後、ゲラシモフ参謀総長は次のように続けている。


現在では、伝統的なものと並んで非在来型の手法が取り入れられています。指揮システムや支援システムの新たな能力を用いた統一偵察・情報空間の中で活動する機動的な軍種間部隊集団の役割が高まり、軍事活動はよりダイナミックに、活動的に、より影響の大きなものとなっています。敵がつけ込める戦術・作戦上の休止期間は消滅しつつあり、新たな情報テクノロジーが部隊と指揮機関の間の空間的、時間的、情報的な隔たりを著しく縮めました。戦略・作戦レベルにおいて大規模な部隊同士が前線で衝突するのは過去のことです。戦闘及び作戦における主要な目標達成手段となっているのは、敵に対する遠隔・非接触の作用であり、敵の目標は領域内の全縦深で打撃を受けます。戦略・作戦・戦術レベルの相違や攻勢と防勢の区別は失われつつあります。精密誘導兵器が大規模に使用され、新たな物理的原則に基づく兵器やロボット化システムが軍事の世界に活発に取り入れられつつあります。

ゲラシモフ参謀総長が描く21世紀の戦争が、メッスネルの述べるような、非軍事的手段による暴力を伴わない闘争でないことは明らかである。むしろ、ここでいう「21世紀の戦争」は、在来型の軍事的闘争にPGM、ICT、ロボットなどの新技術を導入することを念頭に置いたものであって、スリプチェンコが「第6世代戦争」の初期段階として想定したものに近い。ロシアの軍事思想家を「伝統派」「近代派」「革命派」に類型化したブックヴォル（スウェーデン防衛研究所）の議論（Bukkvoll 2011）に基づいてベッティナ・レンツが述べているように、ゲラシモフはテクノロジーが戦争の変革を促すという考えを強く持った「革命派」の軍事思想家であると言えよう（Renz 2018）。

さらに2019年の演説では、ゲラシモフは次のようにはっきりと述べている。

軍事戦略の研究は、武力闘争を戦略レベルにおいて対象とします。現代の紛争に新たな闘争手段が出現したことにより、一国の中で政治・経済・情報その他の非軍事的手段が軍事力とともに複合的に使用されることがますます増えてきました。

しかし、軍事戦略の主たる内容は、第一に、軍隊による戦争の準備及び遂行に関する諸問題であります。つまり、我々は戦争の趨勢と帰結に影響するその他全ての非軍事的手段について研究し、軍事力の効果的な使用のための条件を創出しようというわけです。

非軍事的手段が古典的な軍事的手段と併用される場面は増えているが、あくまでも戦争の中心を成すのは軍隊であり、その活動を支援するという意味において非軍事的手段は重要なのだということである。

†ドクトリンではなくハッパ

さらに言えば、ゲラシモフの演説は「ドクトリン（教義）」と呼べるような形でロシア軍の戦い方を示すものではない。2013年の演説に特に顕著であるが、ゲラシモフはむしろ、ロシア軍が新たな戦略的状況に適応したドクトリンを欠いていることに度々懸念を示し、新しい軍事ドクトリンづくりに邁進せねばならないのだと繰り返し述べている。

だが、ゲラシモフによれば、「アイデアは命令では生まれない」。したがって、実務者は研究者を軽んじてはならず、自由闊達な議論によって新時代のドクトリンづくりに励むべきだというのがゲラシモフの強調するところである。

筆者の印象を述べるならば、これはドクトリンというよりも、「もっと頭を柔らかくして考えろ」という「ハッパ」に近い。米陸軍大学のバートルズが述べるように、ゲラシモフが自らのアイデアの発表媒体として『軍需産業クーリエ』を選んだのはこのためであろう。高級軍人たちが査読を経て最新の軍事思想を発表するための『軍事思想』(同誌はソ連時代には機密扱いであり、ソ連崩壊後もごく最近まで有料購読契約をしないと読むことができなかった)と異なり、ロシアの有力ミサイル開発企業であるアルマーズ・アンテイ社が後援する『軍需産業クーリエ』はインターネットで公開されており、それゆえに参謀将校でない軍人や政策決定者たちの目に広く留まることが期待されるためである(Bartles 2016)。

バートルズ以外にも、2013年のゲラシモフ演説を「ドクトリン」とみなすことに対してはロシア軍事専門家から多くの批判が寄せられている(例えばMcDermott 2016)。そもそもロシア側はゲラシモフ演説を「ドクトリン」であると称したことは一度もなく、翌2

014年に公表された『ロシア連邦軍事ドクトリン』においても（非軍事的手段の役割には言及しつつ）中心は古典的な軍事力に置かれていた。

†予測の困難性を超えて

ここで次のような疑問が生じてくる。

ゲラシモフの2013年演説が「ドクトリン」ではなく「ハッパ」のようなものであり、軍事的手段が依然として中心に据えられているのだとすれば、「アラブの春」が21世紀の典型的な戦争形態なのかもしれないというビジョンとはどのように整合性がとられているのだろうか。また、ロシアがウクライナ紛争において行なった介入の形態とはどのように接続されているのだろうか。

ここで重要なことは、非軍事的手段による闘争という戦争の形態は、ロシアが採用すべき戦争モデルではなく、米国を中心とする西側のそれとして位置付けられているという点である。本章で見てきたとおり、ロシアの政治・軍事指導部は、西側による旧ソ連への民主化支援や経済制裁、さらには文化的影響力の波及などを「非線形戦争」すなわち非軍事的手段による闘争と見なした。したがって、ロシアの論理によれば、「ハイブリッド戦争」（ここではロシアが実際に用いている軍事力行使の形態と西側的な理解におけるそれを区別し、後者にカギカッコを付した）はロシアの発明ではなく、むしろ西側が編み出したものなのであり、2010年代に発生した「アラブの春」、大規模な反プーチン政権運動、ウクライナ政変などはこうした見方を強化した。

だが、西側の「非線形戦争」ないし「ハイブリッド戦争」に晒されているという認識をロシアが抱いているのだとしても、これにロシアがそっくり同じ手段で対抗しようとするとは限らない。それはロシア版の「非線形戦争」かもしれないし、より古典的な軍事手段と非軍事的手段を組み合わせたものであるかもしれない。

これらの点について明確な答えを出すことは難しい。2013年にゲラシモフ参謀総長がソ連の軍事思想家スヴェーチンの言葉を引用しながら述べたとおり、個々の戦争にはそれぞれ固有の文脈が存在するのであって、将来の戦争を今から予測するというのはもともと困難である。

と同時に、ゲラシモフ参謀総長は次のようにも述べている。

　とはいえ、この問題に取り組まないわけにはいきません。軍事理論が予測という機能を果たさないなら、軍事科学の分野におけるどんな研究も無価値です。

そこで、続く第3章以下では、困難さは承知の上で将来の戦争を見据えたロシアの軍事戦略がいかなるものであるのかについて、筆者なりの考え方を提示してみたい。その手がかりとなるのは、ロシアが実際に行なっている軍事作戦や大規模軍事演習、そして軍事力整備の実態である。

第 3 章

ロシアの介入と軍事力の役割

モスクワにある愛国者公園シリア館に並ぶロシア軍の無誘導爆弾(著者撮影)

「ロシアは2つの同盟者しか持たない。我が陸軍と艦隊である」

アレクサンドルⅢ世（ロシア帝国皇帝）

1　ウクライナ紛争に見る軍事力行使の実際

†クリミア半島での電撃戦

ロシアの軍事戦略を考えるにあたっては、ウクライナへの介入をもう一度出発点としたい。第1章では、ウクライナ介入に際してロシアが用いた多様な方法について紹介したが、重要なのは、これが介入手段の全てではなかったということである。むしろこの作戦では、古典的な軍事的手段、すなわちロシアの正規軍が重要な役割を果たした。

戦略技術分析センター（CAST）のアントン・ラヴロフによると、クリミア半島占拠作戦の先鋒を担ったのは特殊作戦戦力コマンド（KSSO）の精鋭特殊部隊「セネーシュ」と独立兵科の空挺部隊（VDV）に所属する第45特別任務（スペツナズ）連隊の兵士たちであったと見られる（Lavrov 2014）。彼らはキエフからヤヌコーヴィチ大統領が逃亡するとすぐにクリミアへと潜入し、占拠作戦の開始命令を待っていた。なし崩し的に行われたクリミアの「独立」とロシアへの「併合」は、彼らの暗躍によるものである。

とはいえ、特殊部隊は基本的に少人数、軽装備の部隊に過ぎず、単独では長期間持ちこたえることができない。したがって、キエフが無政府状態に陥り、クリミア半島での事態に対処できないでいる間に既成事実を作ってしまう必要があったわけだが、ここでロシアは巧妙に「煙幕」を張った。「予定外検閲」と呼ばれる抜き打ち演習を装って、ウクライナ周辺で多数の部隊を行動させ、その一部を後続部隊としてクリミアに送り込んだのである。

その先陣を切ったのは、海軍歩兵部隊であった。クリミアのセヴァストーポリには、ソ連崩壊後もロシア海軍黒海艦隊の母港が置かれており、ロシア艦の出入り自体は頻繁にある。そこでロシアは通常の業務を装って海軍歩兵部隊を満載した輸送艦をセヴァストーポリ港に接岸させ、ウクライナの不意をついて港を占拠してしまった。

これと同時に、ロシアは物資輸送という名目でヘリコプター編隊をクリミア上空に進入させる許可をウクライナ国境警備局から得たが、実際に飛来したヘリの機内にはやはり海軍の特殊部隊兵士が満載されており、攻撃ヘリコプターの護衛までついていた。彼らが目指したのは半島内に存在するウクライナ空軍の飛行場であった。これらを急襲・封鎖することによって、さらなる後続部隊を送り込むロシア軍輸送機を迎撃する戦闘機が発進できないようにしたのである。

こうして無血でクリミア半島に橋頭堡《きょうとうほ》を確保したロシア軍は、輸送艦や輸送機で続々と増援を送り込み、現地のウクライナ軍部隊を武装解除していった。3月5日までにクリミア半島に上陸した部隊は、参謀本部情報総局（GRU）隷下《れいか》のスペツナズ旅団4個とスペツナズ連隊1個、そしてVDV第31空中襲撃旅団の一部であったとラヴロフは結論づけているが（スペツナズについては後段で詳しく扱う）、わずか10日足らずの間にこれだけの大兵力を送り込むロシア軍の動員能力と機動力は、大変に大きなものであると言わざるを得ないだろう。3月の終わりには、ロシア軍はクリミア半島全域の193のウクライナ軍基地やウクライナ軍艦艇を占拠し、さらなる後続兵力の増強を得て、完全な既成事実を作り上げた。

のちに西側から「ハイブリッド戦争」と呼ばれた手法の実際は、こうした大規模な軍事力に支えられたものであった。もしロシア軍が大挙してクリミアに押し寄せていなければ、ウクライナの軍や治安機関はいずれ麻痺状態を脱し、少数の特殊部隊や親露派デモは排除されてしまったに違いなく、テレビ放送やインターネット接続も回復されてクリミア住民に対する情報操作も不可能になっていたはずだ。つまり、クリミアにおける事例は、ハイブリッドな手法と手段を用いるものではあっても、非軍事的闘争として西側でイメージされる「ハイブリッド戦争」ではなかったことになる。

慶應大学の土屋大洋が強調するように、サイバー空間は物理領域に存在するIT機器や回線によって人工的に構成されている。したがって、サイバー作戦は必ずしもサイバー空間のみで実施されるとは限らず、ロシアのクリミア作戦のようにサイバーインフラを物理的に掌握するような事態も含めて考える必要があろう（土屋二〇一六）。従来、サイバー作戦は物理領域における軍事作戦を支援したり、これにとって代わるものとして論じられることが多かったが、クリミアは「物理力によって可能となるサイバー戦」の可能性を実地に示したものと言える（IISS 2020）。

†二転三転するドンバス紛争

ドンバス地方における戦闘の推移は、軍事的闘争手段の重要性をさらに顕著な形で裏付けている。

ドンバスで最初に紛争を引き起こした有象無象の「人民知事」や「人民市長」たちは、その後、ウクライナ政府の反撃に対してすぐに劣勢に陥った。「ドネツク人民共和国」や「ルガンスク人民共和国」の「軍」が大規模な戦闘を指揮・遂行するための訓練を受けておらず、装備も貧弱であったのに対し、領土奪還を目指すウクライナ政府の「対テロ作戦（ATO）」部隊（軍、国内軍、私設義勇部隊などから成る）は兵力・訓練・装備などのあらゆる面で優勢であり、火砲や航空機による支援も受けていたためである。

さらに言えば、ドンバスの親露派武装勢力は相互の連携を全く欠いていた。自称「スラビャンスク人民市長」ストレリコフは後に「ドネツク人民共和国」の「国防相」に就任したが、実際には割拠する軍閥を統制することは全くできず、連携の不備や同士討ち、仲間割れが相次いだ。この状況はロシアから多数の民兵が参戦しても大きくは変化しなかった。

一時期はドネツク州とルガンスク州の大半を勢力下に収めた親露派武装勢力は、こうしてウクライナ政府部隊に対して劣勢に陥っていった。2014年の夏までに、彼らは「領土」の大半を失った上、人員や兵器の供給源であるロシアとの国境を遮断される危機に瀕したのである。クリミア併合作戦が「最良の訓練を受け、最もいい給料をもらい、最もプロフェッショナルな部隊を投入」したことで成功を収めたとするならば（Kofman, Migacheva, Nichiporuk, Radin, Tkacheva, and Oberholtzer 2017）、初期のドンバス紛争はこれと全く逆の展開をたどったと言える。

ウクライナ軍にも問題がなかったわけではない。それどころか、戦闘が始まった時点で、ウクライナ軍には戦闘即応体制の整った部隊はほとんど存在せず、陸軍について言えば4万1000人の総兵力のうち、戦闘に投入可能なのは6000人に過ぎなかったとテニューフ国防相代行（当時）は述べている。

このほか、テニューフの証言では、装甲戦闘車両の操縦士のうち戦闘任務を遂行できるだけの技倆《ぎりょう》を持ったものは全体の20％以下、軍用機パイロットや防空部隊要員では10％以下――などと惨憺たる数字が並ぶ。彼が政変によって成立した暫定政権の国防相代行であったことを考えると、苦戦の責任をヤヌコーヴィチ前政権に負わせようとする意図は濃厚にあったのだろうが、当時のウクライナ軍が実戦的とはとても呼べない状態にあったことも間違いない。士気の弛緩も深刻で、いざ戦闘となると、ロシア系軍人の中からは戦闘を拒否したり、親露派武装勢力に寝返る者が続出したことが知られている。

また、5月頃に親露派武装勢力がロシアから地対空ミサイルを入手すると、ウクライナ軍の輸送機やヘリコプターは多くの損害を出すようになった（この過程で起きたのが2014年7月のマレーシア航空17便の誤射事件で、乗客・乗員298人の全員が死亡した）。それでもウクライナ政府が夏までに親露派武装勢力に対して優位に立てたのは、軍事組織の戦闘力が非正規の武装勢力をはるかに上回ることの証左と言えよう。

ここにおいて、ロシアは戦略を変更した。2014年8月、約4000人と推定されるロシア軍正規部隊がドンバス南部に投入されてウクライナのATO部隊を痛打し、残存部隊をイーロヴァイスク市に閉じ込めたのである。この結果、包囲されたウクライナATO部隊は武器を置いて撤退するという屈辱を呑まされ、9月5日には前述の第一次ミンスク合意が結ばれることになった。

だが、その後もドンバスでは戦闘が停止せず、2015年1月にはイーロヴァイスクの北方にあるデバリツェヴォ市をめぐって激しい戦闘が発生した。この戦いにはロシア軍だけでなく、ロシアで訓練を受けた、より統制の取れた親露派武装勢力が参加し、さらにロシア軍が電子戦システムや防空システムによる支援を行ったことで、ウクライナATO部隊はまたも包囲されることになった。結局、ここでもウクライナ政府は武装解除と引き換えにATO部隊の撤退を受け入れざるを得ず、この間に第二次ミンスク合意を結ぶことを余儀なくされた。

†軍隊は強い

以上の経緯は、ロシアの軍事戦略を考える上でいくつかの重要な示唆を与えてくれる。

第一に、非軍事的手段は、それ自体では闘争手段としては機能しなかった。ロシアの目標は、キエフでの民主化革命に不満を持つ東部の諸勢力を扇動してウクライナを分裂(ロシア側の言い方では「連邦化」)させることであったと思われる。うまくいけば、こうした分裂はウクライナの幅広い地域に広がり、革命によって成立したウクライナ新政権はロシアに対して著しく弱い立場に立たされるはずであった。

しかし、現地住民の扇動や、ストレリコフのような民兵勢力のみによっては、こうした目標は達成できなかった。国家の軍事的手段、つまり軍隊は民兵よりもずっと強いからである。たとえ政治的に混乱していようと、装備や訓練が劣悪であろうとも、規律に服する正規軍（この場合はウクライナＡＴＯ部隊）は民兵よりも強い。もちろん、ヴェトナムやアフガニスタン、チェチェンなどでの経験が教えるように、民兵が正規軍に対して優位に戦いを進めた事例は少なくないが、少なくともドンバスにはこの条件は当てはまらなかった。厳しい規律、住民の幅広い支持、国際社会の共感や支援、峻険な地形といった「天地人」の要素が揃わなければ、民兵は正規軍に勝てないのである。

第二に、ドンバスでの紛争は、領域国民国家が有する動員力というものを改めて実証した。

皮肉なことだが、ロシアの介入を受ける半年前に、ウクライナは徴兵制を廃止していた。当時、ウクライナは18万4000人から成る軍（このうち、軍人は約13万人）を2017年までに12万2000人までコンパクト化することを目指した軍改革を進めており、その一環として毎年の徴兵人数も徐々に削減されていったのである。この結果、2013年の秋季徴兵はわずか5000人となり、彼らはウクライナ軍最後の徴兵となるはずであった（正確には国内軍や国家特別輸送隊向けの徴兵は続く予定だったので、以上はあくまでもウクライナ軍に限った話である）。

だが、ロシアによるクリミアの占拠とこれに続くドンバスでの紛争勃発は、状況を大きく変えた。2014年3月、ウクライナは1993年度ウクライナ共和国法第3543－XII号「動員準備及び動員について」に基づいて、予備役にある一般市民を招集し、ドンバスの戦線に投入し始めたのである。その数は2015年までに延べ21万人にも及んだ。

さらにウクライナは、一度は廃止した徴兵制を2015年に復活させた。その数はピーク時でも年間3万人強であり、戦闘地域には派遣されないことにはなっていたものの、徴兵によって一般市民に基礎的な軍事訓練を広く積ませておくことは将来の動員能力に繋がる。（ウクライナ国民にさえ）もはや前世紀の遺物と思われていた「動員」という概念が復活する契機となったのが、ウクライナ危機であった。

第三に、ドンバスでは、ウクライナＡＴＯ部隊よりも装備や訓練が行き届いたロシア軍が投入されたことで、形勢が再び逆転した。つまり、ここでも決定的な影響力を持ったのは、まさにクラウゼヴィッツ的な軍事的闘争手段の優劣であった。ドンバス紛争が二転三転した原因は、このように戦闘力の異なる軍事集団が段階的に投入されたことに求められる。

†親露派武装勢力の「戦う理由」

第四に、民兵は統制に難がある。ドンバスの民兵たちが相互の連携を欠いていたことは既に述べたが、これはロシア政府と民兵の関係にも当てはまった。彼らはしばしばロシア政府の意向を無視したのである。

ドンバスで軍閥を率いていた民兵司令官たちの背景は様々だが、無政府状態を利用して利権を得ようとする犯罪集団を除くと、目立つのはロシア帝国の版図復活という動機に突き動かされた大ロシア主義者たちであった。前述したストレリコフはその典型で、インターネット上ではソ連兵やロシア貴族のコスプレをした彼の写真をいくつも見つけることができる。このほかにも、ドンバスでの戦争勃発と同時に台頭してきた初期の軍閥指導者たちの中には、ロシアで人文系の教育を受け、「大ロシア」の復活を夢見るようになった者たちが少なくなかった。彼らは特定のイデオロギーを奉じているわけではなく、ロシアが偉大であった時代のものならば何にでも好感を持つのである。

トランプ政権下で国家安全保障会議の欧州ロシア担当上級部長を務めたブルッキングス研究所のフィオナ・ヒルは、こうした態度の原型をウラジーミル・ナボコフの小説『プニン』に見出した。ナボコフ自身をモデルとするロシア人のプニン教授は、亡命先の米国で様々な人々と関係を結ぶが、その中の亡命ロシア人コマロフ夫妻は「反動主義とソ連崇拝の混合」と描かれる。プニン教授によれば、「二人にとって理想のロシアとは、赤軍、神権皇帝、集団農場、人智学、ロシア教会、水力発電のダム」などであった。要は「偉大なロシア」を想起させるものならば何でもいいのであって、このような態度はソ連崩壊後のロシア・ナショナリストの中にも濃厚に受け継がれたとヒルは述べる（ヒル／ガディ2016）。

裏を返せば、彼らは自分たちのスポンサー（この場合はロシア政府）が「偉大なロシア」の夢を損なうと見れば公然と反旗を翻す。その最も顕著な例は、2014年5月に予定されていたドンバスの独立を問う住民投票を延期するようプーチン大統領が要求したにもかかわらず、親露派武装勢力がこれを強行してしまったことであろう。命令に絶対服従する軍人とは異なり、民兵たちはそれぞれが独自の「戦う理由」を持っているのであって、そう都合よくは動いてくれないのである。

一方、これら親露派武装勢力の下で戦った一般兵士たちについては事情が少し異なる。アクの強い民兵司令官たちに比べると、彼らは名もない兵士であり、公式の統計にも載らないため、その実態を把握するのは簡単ではない。ロシアからドンバスの戦場にやって来たロシア人民兵の数も3万人から8万人までと推定によって幅があり、確たることは現在に至るまで明らかになっていない。

ただ、フィンランド国際問題研究所のラッツによる研究を見ると、彼らの「戦う理由」には時期によりかなりの変遷があったようだ。当初、ロシア人民兵たちを突き動かしていたのは、ナショナリスト的・帝国主義的動機――つまり、ストレリコフら民兵司令官たちの掲げる「偉大なロシア」の思想への共鳴であったとされるが、こうしたイデオロギー的な動機は急速に縮小していったという。

戦場の過酷な現実や、軍閥を牛耳る犯罪集団の姿を目の当たりにした彼らは急速に幻滅してロシアへと戻ってしまい、これに代わって親露派武装勢力がばら撒く金を目当てにした傭兵的な民兵が増加していった。また、ロシアは刑務所で服役している犯罪者を釈放する条件としてドンバスに送り込んだとも言われており、この結果、ドンバスでは恐喝や誘拐による身代金ビジネスなどが横行するようになったとされる(Rácz 2017)。

†「ハイブリッド戦争」と「ハイブリッドな戦争」

ウクライナへの軍事介入がハイブリッドな性格を有していたことは間違いない。第1章とここまでの本節で見てきたように、ロシアは確かに多様な手段や主体を動員してクリミアやドンバスでの作戦を遂行した。

同時に、これらの事例においては、常に古典的な軍事手段がその中心にあったことは度々強調してきた通りである。そこには多くの新奇性が認められるものの、暴力を用いた軍事的闘争としての戦争という「性質」を変えたとは言えない。つまり、非軍事的手段のみによる（あるいは非軍事的手段を圧倒的に主とする）戦争という思想は、あくまでも思想の領域に留まっているのではないかと思われるのである。

実際問題として、ジョンスソンがその著作の中で紹介している軍事思想家たちも、戦争を非軍事的手段のみで遂行できると考えている者ばかりではない。ゲラシモフ参謀総長ら、ロシア軍の中で指導的立場にある人々は、軍事的闘争と非軍事的闘争を相互に排他的なものというよりは、補完的なものと捉える傾向が見られる。つまり、非軍事的手段による闘争が失敗したらそこで軍事的闘争手段が登場するという考え方であり、これをジョンスソンは「2段階アプローチ」と名付けている。

またモスクワ言語大学安全保障情報センターのバルトシュは、これを①非軍事的手段による闘争→②ハイブリッドな手法を用いる低烈度闘争→③正規軍による高烈度闘争の3ステップに分類した。住民の扇動のみによっては政治的目的（ウクライナの分裂）を達成できずに民兵による蜂起が起こり、続いてロシア正規軍を投入せざるを得なくなったドンバス紛争はその典型的な事例である。

ただし、ドンバスの場合は慎重に調整された「戦略」というよりは、場当たり的な対応が最終的に古典的な軍事介入につながったわけであるから、こうした事態を「アプローチ」と呼んでよいのかどうかは別の問題である。

このようにしてみれば、ロシアがウクライナで展開した軍事戦略は、後に広く抱かれた「ハイブリッド戦争」像には明らかに合致していない。むしろ、ロシアがウクライナで行なったのは、軍事的手段を中心とし、これを様々な非軍事的手段や非国家主体で強化しながら戦う「ハイブリッドな戦争」だったということになろう。

2　中東での「限定行動戦略」

†シリア紛争を一変させたロシアの介入

ロシアの「ハイブリッドな戦争」は中東でも展開されている。その主戦場となったのがシリアだ。

ソ連崩壊後、自国周辺で様々な紛争に関与してきたロシアであるが、中東での軍事行使に及んだのは、実はこれが初めてである。従来、中東に対するロシアの軍事的関与は、武器輸出による政治的影響力の行使が中心であり、直接的な軍事プレゼンスは小規模な基地や電波傍受拠点をシリアに設けている程度であったから、シリアへの介入は軍事政策に留まらない外交・安全保障政策の大転換であったと言える。

しかも、ロシアの介入はシリア紛争の形勢を決定的に変化させた。介入開始の直前、シリアのアサド政権は離反将校らによって結成された「自由シリア軍（FSA）」やイスラム過激派組織「イスラム国（IS）」、アル・カイダ系の「アル・ヌスラ戦線」、トルコの支援を受けた「イスラム戦線」などによって劣勢に追い込まれ、風前の灯というべき状況に陥っていた。ロシアは、イランとともに膨大な軍事援助を行なってこれを支えようとしたものの、士気と戦力が崩壊したアサド政権軍が単独で逆境を覆すには至らなかった。ドンバスとは異なり、シリアでは非国家主体側に「天地人」の利（イデオロギー的な求心力、社会の分裂の深刻さ、外国の支援など）があったことになる。

こうしてロシアはついに直接の軍事介入に及んだわけであるが、当初、西側の安全保障専門家はその効果に大きな疑問符を付けていた。ロシアはシリア西部のフメイミム航空基地に35機ほどの戦闘爆撃機を送り込んだに過ぎず、これだけの兵力でできることなどタカが知れていると見られたためである。

しかし、こうした予想が大きく外れたことは現在ではよく知られている。ロシア軍がシリアに入って以降、崩壊寸前であったアサド政権軍は大きく勢力を盛り返し、領土を急速に回復していった。特に介入から1年余りを経た2016年12月には、反アサド勢力の主要な拠点であったアレッポをアサド政権軍が陥落させ、これに続いて2017年にはデリゾールが、2018年には東グータがアサド政権の支配下に戻った。2021年現在、アサド政権は北東部のクルド人支配地域を除いて国土の大部分に対するコントロールを回復しており、反アサド勢力はトルコの支援を受けたイドリブなど一部地域で残存しているに過ぎない。

　では、ロシアはなぜ、限られたリソースでこれだけの大きな軍事的成功を収めることができたのだろうか。以下ではこの点について考えながら、ウクライナ紛争とはまた微妙に異なる「ハイブリッドな戦争」の形態について見ていくことにしたい。

†愛国者公園にて

　モスクワ郊外の愛国者公園については、第2章で簡単に触れた。モスクワのベラルースカヤ駅から近郊列車《エレクトリーチカ》で1時間ほど、そこからミニ路線バス《マルシュルートカ》に揺られることおよそ15分で到着する、国防省の巨大テーマパークである。公園は高速道路から森の奥へと弧状に延びており、手前の駐車場エリアから、会議場・展示施設エリア（夏には国防省主催の武器見本市

「アルミヤ」が開催される)、そしてサバイバルゲームなどのできる野外活動エリア(例の「ドイツ国会議事堂」もここにある)まで、差し渡しの奥行きは実に4kmにも及ぶ。しかも、2015年のオープン以来、施設の周辺では常に何かしらの拡張工事が行われ、新たな展示やアトラクションが増え続けているから、時々知識をアップデートしに行かなければならない。

そうしたわけで筆者もほぼ毎年のようにこの公園に足を運び続けてきたのだが、2017年に訪れた際には興味深いものを見つけた。公園の一番奥の方に、これまでになかった「シリア館」という展示館ができていたのである。

早速足を踏み入れてみると、入り口にずらりと並べられた灰色の爆弾が目に飛び込んできた。どれもロシア軍がシリア作戦で実際に使用しているのと同型のものだ。破片爆弾FAB-500M-54、同じく破片爆弾FAB-500M-62、クラスター爆弾RBK-500ShOAB0・5、滑走路破壊用爆弾BETAB-500Sh……とまるで呪文のような型式名と簡単な説明の書かれたプレートがそれぞれの横に置かれているが、一瞥してすぐに気づくのは、その大部分を無誘導爆弾が占めているということである。

衛星誘導爆弾やレーザー誘導爆弾などもあるにはあるが、その数は多くない。ロシア国防省やその傘下にあるテレビ局「ズヴェズダ(星)」が日々リリースする映像を見ても、戦闘爆撃機がぶら下げているのは主に無誘導爆弾の方だ。シリア紛争に決定的な影響を与えたロシアの空爆は、こうした古色蒼然たるローテク兵器に支えられていることがわかる。

†「第6世代戦争」の入り口

一方、西側諸国の状況は大きく異なる。

1991年の湾岸戦争では、米国による精密誘導兵器（PGM）の使用が大きな成果を収めた。実際にはその使用割合は投下された全弾薬の8％程度に過ぎず、したがってスリプチェンコも湾岸戦争をあくまで「第6世代戦争」の「萌芽」と位置付けているのだが、これ以降、西側諸国における軍事力のハイテク化は目覚ましい勢いで進んだ。PGMに限って言えば、1999年のユーゴスラヴィア紛争ではその使用割合が全体の約35％（約2万2600発中約3000発）、2003年のイラク戦争では約68％（約2万9000発のうち約2万発）に達し、2010年代に入ると米軍の空爆手段からは無誘導爆弾はほぼ一掃されている。未だに無誘導爆弾がメインのロシア軍とはまさに隔世の感がある。

ただし、これは西側と比較した場合の話である。かつてのロシア軍自身を基準とすれば、シリアにおけるロシアの軍事作戦が長足の進歩を遂げていることもまた認めねばならないだろう。

ＰＧＭについて言えば、ロシア軍は少数の誘導爆弾に加えて、長距離巡航ミサイルをシリア作戦で初めて実戦投入した。艦艇から発射される３Ｍ14カリブルや空中発射型のＫｈ－１０１がそれで、デジタル地形マップを用いて地表を這うように飛び、２０００キロ以上離れた目標を正確に打撃する能力を持つ。冷戦後、米国が行った各種の軍事介入では、トマホーク巡航ミサイルが多用されてきたが、ロシアもついにこれに匹敵する能力を獲得したのである。

ロシア軍がＰＧＭの導入に本腰を入れ始めたのは２００８年のグルジア戦争後のことであり、航空機や艦艇から発射される長距離巡航ミサイルの配備数は飛躍的に増大した。ショイグ国防相が２０１９年３月に述べたところによると、ロシア軍に配備されたこの種の兵器の数は２０１２年との比較で30倍に増加し、それらを発射可能な航空機や艦艇の数も12倍になったとされる。

また、これらのＰＧＭの誘導にはＧＬＯＮＡＳＳ衛星航法システムが使用される。米国のグローバル・ポジショニング・システム（ＧＰＳ）に対抗してソ連時代から開発が始まったものだが、全世界をカバーできるようになったのは２０１０年代の初めになってからであり、シリア作戦が開始された時点ではまだ試験運用扱いであった。ともあれ、ＧＬＯＮＡＳＳの登場によって、ロシア軍は宇宙空間からの支援を受けて戦えるようになったのである。この他にも、シリア作戦ではデジタル光学センサーを備えた新型偵察衛星、シリアとロシア本土を結ぶ通信衛星などが投入された。

総じて言えば、2010年代のロシア軍のハイテク作戦能力は、湾岸戦争当時における米軍の水準に相当するということになるだろう。ハイテク兵器は一定程度用いられ、宇宙からの支援も得てはいるが、依然としてローテク兵器を中心として戦うという戦争形態である。スリプチェンコの分類に従うならば、ロシア軍はついに「第6世代戦争」の入り口に立ったのである。

†「精密攻撃」と残虐性の価値

他方、ロシア軍がここからさらに追い上げをかけて、西側並のハイテク戦争遂行能力を持てるようになるかというと、その見通しは暗い。軍事力のハイテク化には多大な財政能力が必要とされるのに対して、ロシアの経済規模はあまりにも小さいためである。ロシアの経済力がその兵力を大きく制約していることは第1章で指摘したが、この構図は軍事力の質にもかなりの程度当てはまる。ロシアはロシアで独自のハイテク作戦能力の強化を図っているものの、その間に西側（そして中国）の軍事力も進歩していくことを考えると、両者のギャップが埋まるという見込みは当面立て難い（RAND Corporation 2019）。

PGMに限定して考えてみよう。米国が空爆の主力兵器として用いているGPS誘導爆弾JDAM（統合直接攻撃弾）の価格は1発あたり約3万ドルとされる。数百万ドルもする巡航ミサイルよりは格安であるとはいえ、これほど高価な爆弾を気軽に戦場でばらまける国はそう多くないだろう。実際、JDAMのロシア版とも言えるGLONASS誘導爆弾KAB－500Sは1発あたり約300万ルーブル（2021年初頭のレートで約2万3000ドル）もすることから、ロシア国防省は一時期、その採用を見送ったと伝えられる。KAB－500Sはシリア作戦での使用が確認されているので完全に排除されたわけではないのだろうが、その使用は非常に精密な攻撃を必要とする目標に限られていると見られる。

ところが、シリア作戦に関するロシア国防省のプレスリリースは、ロシア軍による爆撃を常に「精密攻撃」と呼んでいる。というのも、第二次世界大戦当時のような公算爆撃、つまり多数の爆弾を投下すればどれかが当たるという爆撃方法とは異なり、現代のロシア軍機はコンピュータによって自機と目標の位置、速度、高度、風向、風速などを計算し、爆弾を「狙って落とす」という方式を採用しているためだ。

例えばロシア航空宇宙軍（VKS）は2000年代以降、旧式の戦闘機や爆撃機にSVP－24と呼ばれる爆撃コンピュータを搭載する改修を行っており、これを使用すると高度6000メートルからでも目標の4メートル以内に爆弾を命中させられるという。高価な

PGMを買えないならば、照準装置の方を改良すればそれに近い能力を得られる、というロシア流アプローチだ。したがって、爆弾自体は無誘導でもこれは「精密攻撃」なのだというのがロシア側の言い分である（一方、PGMを使用する場合は「高度精密攻撃」と呼ばれる）。もっとも、ロシア国防省がリリースする映像を見ると明らかに目標を大きく外している爆弾も少なくないので、この種のセールストークをどこまで真に受けるかはまた別の問題であろう。

しかも、これまで述べた軍事作戦では、ロシア軍の爆撃によって多数の巻き添え被害が出ている。国際人権団体「アムネスティ・インターナショナル」の報告によると、2015年9月30日から11月29日の約2カ月間にシリアの5つの県（ホムス、ハマ、イドリブ、ラタキア、アレッポ）で行われた25回の空爆だけで、少なくとも200人の民間人が殺害されたという（Amnesty International 2015）。

反アサド政権軍がいそうな場所を狙って爆弾を落としていることは確かだとしても、その周囲に民間人がいるかどうかは全くと言ってよいほど顧慮されていないというのが実態であろう。これは第一次及び第二次のチェチェン紛争当時から同様であって、要は人道的価値と軍事的目標が相反した場合には後者が優先されるという思想の問題であるから、その実態はSVP－24のようなテクノロジーの導入によっても変わらない。

さらに言えば、ロシア軍は人々の生活インフラを意図的に攻撃していると見られる。「ヒューマンライツ・ウォッチ」によると、2019年4月にロシア軍とアサド政権軍がイドリブに対して実施した空爆では、家屋、学校、医療施設、市場が標的とされ、少なくとも1600人の民間人が死亡したほか、140万人が避難を余儀なくされた（Human Rights Watch 2020.10.15.）。こうした攻撃がシリア全土で足掛け7年にもわたって続けられていることを考えれば、悲惨極まりない人権侵害であることは言うまでもない。

だが、純軍事的に見ると、そこには一定の合理性も（極めて不愉快なことだが）見出せる。子供たちの頭上に爆弾が降り注ぎ、負傷者が出ても手当てもままならず、水道も電気も来ない、という状況になれば、敵はその領域を放棄せざるを得なくなるためだ。前述したガレオッティはこれを「残虐性の価値」、つまり非人道的な攻撃を敢えて行うことで軍事的成果につなげることに価値を見出していると評価する（Galeotti 2016.9.29.）。

ただし1990年代の第一次チェチェン戦争では、ロシアの空爆による死傷者の生々しい映像がマスコミやジャーナリストによって世界中に拡散され、ロシア軍は一時期空爆を中止せざるを得なくなったという経緯がある（Haas 2004）。

これに対して今回のシリア作戦では、民間人には一切被害が出ないように作戦を行っているとロシア国防省が主張するだけでなく、マスコミも動員して同様の主張が広く展開されている。「残虐性の価値」を国家によるメディアコントロールで覆い隠しながら行使できる点にロシアの強みがあると言えよう。

†介入戦争を可能にした限定行動戦略

ロシアのシリア介入を成功に導いたもう一つの要因としては、「限定行動戦略」というアプローチが見逃せない。このアプローチについては拙著『「帝国」ロシアの地政学』（小泉2019）で詳しく述べたので、ここではその要点だけをかいつまんでみよう。

「限定行動戦略」の出発点となるのは、ロシアは遠隔地での介入に大きな制約を抱えているという認識である。

第一に、ロシア軍は約90万人の兵力を広大な国土の全域に分散して配備せざるを得ず、したがってシリアのような遠隔地に大兵力を送り込む余裕はそもそも乏しい。また、ロシア国民の感情としても、縁遠い中東のシリアに自分自身や家族が送り込まれることに否定的である。ガレオッティが述べるように、「ロシアの人々は、自分の子供たちが（戦争に）巻き込まれて死体袋に入って帰ってくる帝国というアイデアにあまり積極的でない」（AP 2017.12.12.）。つまり、ロシアが自国から遠く離れた地域にまで広範な軍事介入を行い（本来の領域を超えた広い領域の統治が「帝国」の特徴とされる）、大量の戦死者を出すことには国民的

カテゴリ		米国	ロシア
空輸能力	超大型輸送機	52機（C-5M）	11機（An-124）
	大型輸送機	232機（C-17A）	110機（An-22、Il-76MD/MD-M/MD-90A）
	中型輸送機	315機（C-130J/H、LC-130H）	67機（An-12BK）
	空中給油機	481機（KC-46A、KC-135R/T、KC-10A）	15機（Il-78/78M）
海上輸送能力	揚陸艦	35隻（強襲揚陸艦、ドック型揚陸艦）	20隻（戦車揚陸艦）
	支援艦船	158隻（給油艦、輸送艦、補給艦、事前集積船など）	30隻（給油艦、輸送艦、補給艦など）
陸上輸送能力	兵站部隊	20個兵站旅団、17個兵站支援グループ、4個兵站グループ	10個兵站旅団
	輸送部隊	1個輸送旅団	10個鉄道旅団

表5　米国とロシアの戦略輸送能力
出典：IISS2020より筆者作成

な理解が得られないということだ。

第二に、ロシアは兵站能力にも大きな制約を抱える。米軍は1991年の湾岸戦争で約50万人、2003年のイラク戦争でも約21万人という膨大な兵力を中東に展開させたが、これは世界最強の戦略輸送能力を持つ米軍だからこそ可能な軍事行動であった。一方、ロシア軍の戦略輸送能力は表5に示すとおり、明らかに陸上偏重であって、海を越えた展開能力は極めて乏しい。シリア作戦においてロシアがトルコの貨物船を傭船して兵站を担わせざるを得なかったことはその証左であろう。

第三に、遠隔地への介入に際して、ロシアは地政学的に不利な位置に立たされている。例えばロシアがシリアに大部隊を展開させて維持するためには、アゼルバイジャンないしトルクメニスタンのカスピ海領域を通過し、その後イランとイラクの領土または領空を経由するルートか、トルコによって扼《やく》されるボスポラス及びダーダネルス両海峡を通過して黒海から地中海へと抜けるルートによって兵站を行うしかない。大量の重装備や人員、それらを支える燃料、弾薬、食糧、被服、医薬品などを送り込み続けるにはあまりにも不安定な兵站線だ。本国から遠く離れた場所での地域戦争を自国だけで丸抱えするという方法は、米国の戦略輸送能力と同盟・友好国ネットワークがあって初めて可能なのである。

そこでロシアが採用したのが「限定行動戦略」であった。2019年にゲラシモフ参謀総長が行った演説は、この点をある程度体系的に述べているので、以下に引用してみよう。

シリアでの経験は戦略の発展に重要な役割を担っています。（中略）すなわち、「限定行動戦略」の枠内においてロシアの領域外で国益の保護及び増進に関する任務を遂行するということです。

この戦略を実現する上での基礎となるのは、軍の中でも特に高い機動性と課題解決能力を有するある軍種の部隊を基礎とし、自律的に行動が可能な部隊集団を設置することです。シリアの場合、このような役割を担ったのは航空宇宙軍でした。

こうした戦略を実現する上で最重要の条件は、指揮システムの準備態勢及び全方位的な保障措置の優越によって情報優勢を獲得及び維持すること、そして所要の部隊集団を秘密裏に展開させることです。

作戦の過程では、部隊の行動に関する新たな手段が裏付けられました。ここにおける軍事戦略の役割は、ロシアの部隊集団、関連国家の軍事編制、各派の軍事機構（すなわち紛争参加諸勢力）が用いる軍事行動と非軍事行動を計画し、調整した点にあります。

つまり、空軍力や偵察・指揮能力といった大国でなければ持ち得ない能力だけをロシアが提供し、これに現地の紛争参加勢力を糾合することにより、ロシアから遠く離れた地域でも大規模な軍事作戦を遂行するということである（この意味ではドンバスでの「ハイブリッドな戦争」も、ロシア陸軍を中核としつつ民兵を活用する「限定行動戦略」であった）。

シリアにおける「限定行動戦略」の代表例とされるのは、２０１６年に編成された第５義勇突撃軍団と呼ばれる部隊である。その兵士はシリア人の民兵や部族集団などから集められた現地住民であるが、訓練や装備はロシアが提供し、指揮官や参謀はロシア人の将校が務める混成部隊だ（Ростовцев 2017）。ロシア式に訓練・装備された第５義勇軍団は壊滅的な状態に陥っていたシリア陸軍の一般部隊と比べて桁違いの強さを発揮し、２０１７年にはアサド政権によるデリゾール奪還作戦（いわゆる「アサドの跳躍」作戦）では中心的な役割を果たしたとされる。

ちなみにこの作戦では、ロシア軍のヴァレリー・アサポフ中将が戦死している。アサポフ中将は第5義勇軍団の実質的な司令官であったと目される人物であり、同部隊がロシア軍の密接な監督下で運用されていたことが窺われよう。また、この作戦はロシア軍工兵部隊との合同作戦として実施され、第5義勇軍団にも渡河《とか》用のポンツーン橋といった工兵用装備が多数提供された。空軍力に比べると地味だが、戦場における架橋作戦は非常に困難なものであり、ロシア軍も大演習において繰り返しこのような能力の訓練に注力してきたことを考えると、これも「限定行動戦略」を構成する「大国ならではの軍事力」に数えられよう。

3 特殊作戦部隊と民間軍事会社

†シリアに送り込まれたロシアの秘密部隊

ただ、ロシアがシリアでの地上戦に直接関与していないというわけではない。

アサド政権軍の反政府勢力に対する劣勢という状況は、ロシア軍の空爆が始まってからも変化していなかった。むしろ、戦争が長引くほどにその兵力は損耗《そんもう》し、士気の低下も深刻になっていたのである。こうした状況下で設置されたのが第5義勇軍団であったわけだが、これに加えてロシアは密かに特殊作戦部隊と民間軍事会社（PMC）を送り込み、地上戦力のテコ入れを図った。

では、彼らは何者であり、その実力はどれほどのものなのか。

まずは前者から見ていくことにしよう。特殊作戦部隊は参謀総長直轄組織として2012年に設立された特殊作戦戦力コマンド（KSSO）に所属し、全ロシア軍から選りすぐられた精鋭兵士1000人前後で構成されていると見られる。ロシア軍には1999年から小規模な参謀総長直轄の特殊作戦部隊（後の「セネーシュ」）が存在していたが、KSSOはこのほかにもいくつかの精鋭部隊やその支援組織を傘下に収め、陣容を拡大したものであった。

2013年にその存在が明らかにされた際、ゲラシモフ参謀総長が述べたところによると、KSSOは「諸外国の経験を研究」して設立されたとされているから、米国の特殊作戦コマンド（SOCOM）のような精鋭特殊部隊の統合司令部をロシアにも作ろうというのがその基本構想であったようだ。

一方、ロシア軍にはソ連時代以来の伝統を持つスペツナズ部隊が存在してきた。スペツナズというのは「特別任務」を意味するロシア語（スペツィアーリノエ・ナズナチェーニエ）を縮めたもので、敵の戦線後方に潜入して偵察や破壊工作を行う部隊の総称として用いられる。具体的には、参謀本部情報総局（ＧＲＵ）や陸軍、空挺部隊などが管轄する特別任務部隊がこれに該当し、海軍にも水中での破壊工作などを担当する独自のスペツナズ部隊が設置されている。

こうしてみると、その性格はＫＳＳＯ隷下の特殊作戦部隊とよく似ているように見えるし、実際、両者には共通点が少なくない。だが、大きく異なる部分もある。ＫＳＳＯがごく小規模な少数精鋭部隊であるのに対し、スペツナズ部隊は「中の上」程度の能力を持った多数（正確な数は公表されていない）の兵士で構成されているという点だ。

そもそも１９５０年にソ連軍が最初のスペツナズ部隊を設置した際、念頭に置かれていた任務は、ＮＡＴＯ諸国内部に潜入して米軍の戦術核兵器を探し出し、破壊することであった。その後、スペツナズの任務は敵情の偵察、指揮統制系統の破壊、交通インフラの攪乱などへと拡大していったが、有事に欧州戦線全域でこうした任務を遂行するとなれば、そう少数精鋭にはこだわっていられない。つまり、スペツナズが「特別」なのは任務の内容であって、部隊を構成しているのは基本的に普通の兵士なのである。ＧＲＵなどのスペツナズ旅団に徴兵（その勤務期間は12カ月でしかない）が配属されていることはその好例と言えよう。

†平時と有事の間で戦う特殊作戦部隊

一方、ロシア国防省公式サイトの定義によると、特殊作戦部隊は「平時、紛争状況、戦時において戦域の諸兵科部隊の一部として活動したり、独立して任務を実施することができる。その任務の実施は秘密の性質を帯びており、最高軍事指導部や戦域における軍最高司令官の直接の指揮下で行われる」とされている。つまり、特殊作戦部隊が活動するのは有事とは限らないし、スペツナズとは違って軍主力の作戦を支援するだけが任務というわけでもない。国家指導部の意向を受けて、独立して、しかも秘密裏に行動するのが特殊作戦部隊なのである。

米外国軍事調査局（FMSO）のグラウとバートルズは、特殊作戦部隊のこうした性格が、ロシアの軍事ドクトリンにおける大きな変化であったと指摘している（Grau and Bartles 2016）。というのも、従来、「このような能力（訳注：特殊作戦能力）は重要であるとは考えられていたものの、あくまでも通常戦力に機能を発揮させる手段であり、それ自体で戦争を遂行できる手段だとはみなされていなかった」のに対して、今や通常戦力や戦略核戦力と並ぶ、軍事力の一カテゴリーという扱いをされるようになったからである。

その任務について、ロシア国防省公式サイトは「破壊工作・偵察活動、反乱活動の組織化、軍事攻撃を任務とする」という以上の説明はしていない。ただ、ここに「反乱活動の組織化」という文言が入っているのはなかなかに意味深であろう。これとほぼ同じような文言はスペツナズの任務に対しても用いられるが、ここで主に想定されているのは戦時におけるパルチザン活動などである。一方、以上で述べた特殊作戦部隊の特色——平時から有事までを活動範囲とし、その活動は高度の政治的性質を帯びる——を考えるならば、ここでいう「反乱活動の組織化」には少し違ったニュアンスがあるようにも思われる。

「特殊作戦部隊は世界のいかなる地理的地点においても政治的・経済的目的を達成し、ロシア連邦に利益をもたらすための部隊です。平時に戦う部隊です。特殊作戦部隊は外国のパルチザン運動を設立・訓練・指導し、いかなる承認もなしに望ましくない指導者を排除します」

ＫＳＳＯの設立が明らかにされた後、その訓練の模様を初めて報じたテレビ番組は特殊作戦部隊の任務をこのように表現した。もちろんこれはロシア政府の公式見解ではないが、２０１４年のクリミア半島占拠作戦においてセネーシュが果たした役割を考えると、端的な要約とも言えよう。

ただ、シリアに送り込まれた特殊作戦部隊の任務は、より古典的なものであったと見られている。部隊の秘密性ゆえに詳しい活動の全貌は明らかでないが、主な任務は敵の目標を地上から捜索し、空爆を行う航空部隊にその座標を伝達する誘導要員としてのそれであったようだ（Михайлов 2016）。いかにロシア軍が巻き添え被害を顧慮しないとは言っても、全く見当外れの場所に爆弾を落としたのでは意味がないから、空爆の「眼」となる彼らの役割は非常に重要であった。

しかし、これは孤立無縁で敵の支配地域へと分け入っていくことをも意味しており、極めて過酷かつ危険な任務である。特殊作戦部隊は主にチェチェン作戦を経験した最優秀のスペツナズ兵士――彼らが日除けのために被っていたブーニーハットにちなんで「ひまわり《ポドソルヌフ》」と通称される――から隊員を募り、高度な訓練と装備を与えられているというが、それでも２０１５年以降、何人かの戦死者を出している。

なかでも広く知られているのは、２０１６年3月、ＩＳに占拠されたパルミラの奪還作戦中に、特殊作戦部隊の隊員であったアレクサンドル・プロホレンコ中尉が戦死した事例である。報じられるところによると、ＩＳ戦闘員に包囲されて脱出が不可能になったことを悟ったプロホレンコ中尉は、上空の友軍機に自分目掛けて空爆を行うよう無線で要請し、敵を道連れに爆死したという。

また、特殊作戦部隊は、現地の民兵と合同で地上戦を展開したり、ISの野戦指揮官を捜索して殺害するといった直接戦闘もシリアで展開していると見られ、ロシア国防省もこの点は部分的に認めている。特にパルミラ及びアレッポの奪還作戦では特殊作戦部隊が戦闘の最前線に立って戦った。

大規模な地上部隊を送り込む能力に乏しいロシアにとって、この種の精鋭部隊は少数ながら大きな意味を持った兵力であると言えよう。

†民間軍事会社「ワグネル」の誕生

これに対して、ロシアがシリアに送り込んだもう一つの地上戦力――民間軍事会社（PMC）は、形の上ではあくまでも政府と無関係ということになっている。それどころか、ロシアではPMCという事業形態は法律で認められておらず、民間企業が武装して軍事作戦に関与することは「傭兵」という刑法犯罪に問われる。実際、2013年には、「スラビャンスキー・コルプス（スラブ軍団）」なるPMCがシリアでの紛争に関与したとして、経営者2人が逮捕されるという事件も起きた。

だが、このような建前の陰で、ロシア軍は限定行動戦力の手駒としてPMCを活用する構想を密かに温めていた。ロシア軍参謀本部は2010年、アンゴラ内戦およびシエラレオネ内戦で目覚ましい成果を上げた伝説的なPMC「エグゼクティブ・アウトカムズ」社の設立者として有名な南アフリカの退役軍人、イーベン・バーロウ氏と初めて接触を持ち、ロシア軍の傘下にPMCを設立するというアイデアがこのときから浮上してきたという（*The Bell* 2019.1.29）。

このアイデアは、2013年、PMC「ワグネル」の設立という形で実現した。その実態ははっきりしないものの、実質的にはロシア軍参謀本部の管轄下にありながら、運営資金などはプーチン大統領に近い外食王エフゲニー・プリゴジン氏（それゆえに「プーチンのシェフ」と通称される）が出資するというハイブリッド型の組織であるようだ。コントラクター（契約によって勤務する戦闘員）たちは主にロシア軍での勤務経験を有する元軍人たちで構成され、組織全体としては5000〜6000人ほどが在籍していると見られる。

そのワグネルが根城としているのはロシア南部のクラスノダール地方にあるモリキノという小さな村落で、ここにはGRUの第10スペツナズ旅団が駐屯している。衛星写真の分析によって、ワグネルの訓練キャンプはこの第10スペツナズ旅団のすぐ隣に位置しており、射撃訓練場などのインフラも共有しているとされるほか、スペツナズ隊員の組織的なリクルートも行なっていると報じられている（*Inform Napalm*）。こうした点からしても、ワグネルは単なる「民間」軍事会社ではなく、事実上のロシア軍別働隊とでも呼ぶべき組織であることが見て取れよう。

†ワルキューレの騎行――ドンバス紛争とワグネル

ちなみにワグネルという組織名は「ワルキューレの騎行」で知られるドイツの大作曲家リヒャルト・ワーグナーの名をロシア語読みしたもので、これはPMCの組織づくりを進めた元GRUスペツナズ隊員ドミトリー・ウトキン氏の趣味によるとされている。ウトキン氏はネオナチ思想の信奉者として知られ、同時に大のドイツ贔屓《びいき》でもあった。

設立の翌年、ワグネルに早速初陣の機会が回ってきた。ウクライナ危機である。ロシア軍が主役を務めたクリミア占拠作戦では彼らの出る幕はなかったようだが、続くドンバス紛争ではウクライナ側に押される親露派武装勢力を支えるためにワグネルのコントラクターたちが投入されるようになったとされる。

だが、ウクライナの暫定政権がネオナチ思想に毒されているとの情報戦をロシアが展開し、介入を正当化したことは第1章で紹介した。その介入で用いられたPMCがまさにネオナチ思想の持ち主によって立ち上げられたのだとすれば実に皮肉な話というほかあるまい。

また、ワグネルはその後も継続的にドンバスでの戦闘に関与してきたことが確認されている。このこと自体は以前から「公然の秘密」と見られていたが、2020年7月に起きた事件はこれを改めて白日の下に曝け出した。ベラルーシの首都ミンスクでワグネルのコントラクター33人が逮捕されるという出来事がそれである。

ベラルーシ側の主張によれば、これは8月9日のベラルーシ大統領選に合わせてロシアがワグネルを送り込み、内通する国内の反体制派と共謀して国家転覆を図ったものとされている。実際には、大統領選を前に盛り上がった反体制運動を弾圧するため、ベラルーシ政府が「ロシアとの共謀」というストーリーをでっち上げたものというのが大方の評価であるが、興味深いのはベラルーシ国家保安委員会（KGB）が公表したコントラクターたちの中に、ドンバス地方や中東で戦っていた者が含まれている点であろう。

ウクライナではSNSの分析などを通じてロシアの非正規戦闘員（民兵、PMCなど）のデータベースが作成されている。ウクライナ紙『ウクラインスカヤ・プラウダ』のブデラツキー記者が拘束当日に同紙ブログに投稿したところによると、今回の拘束者にはデータベースに該当する者が少なくとも7人含まれており、このうち6人がドンバスでの戦闘に関与していたという。

また、これとは別にロシアの『コメルサント』は公開情報の調査結果として、33人のうち18人がウクライナ、シリア、リビア、スーダンでの戦闘経験を有していると報じている。『ウクラインスカヤ・プラウダ』と『コメルサント』で名前が挙がった者は一部重複しているが、両者を総合すると、19人はロシア国外でPMCとしての活動に従事した経歴が確認でき、うち少なくとも16人はドンバス紛争に関与していたということになる。

この点は、ベラルーシ及びウクライナ当局の発表とも符合する。例えばベラルーシのラプコフ国家安全保障会議書記は、拘束された33人のうち「約14人」がドンバスでの戦闘に関与していたと拘束当日の時点で述べていたほか、ウクライナ検察総局は33人中28人が「テロ組織」(親露派武装勢力)に参加した罪で起訴されているとしてウクライナへ身柄を引き渡すよう要求している。また、同局によれば、この28人のうち9人はロシア国籍だけでなくウクライナ国籍を有しているという(『コメルサント』の記事で確認できるのは3人)。

また、ドンバス紛争で親露派武装勢力のために資金集めに奔走し、「ドネツク人民共和国」でザハルチェンコ「首相」の補佐官も務めたザハル・プリレーピンも、拘束者名簿の中に彼の大隊で勤務していた人物が含まれていることを認めている(*Украинская правда* 2020.7.29.)。俳優にラッパーに作家と様々な顔を持ち、何かとメディアに露出したがるプリレーピンの証言をどこまで信用するかは措くとしても、拘束されたのがロシアのPMCワグネルのコントラクターたちであり、その多くがドンバス紛争に継続的に関与してきたことはどうやら確かであるようだ。

†ワグネルの「事業モデル」

2015年に入ると、彼らはシリアにも派遣された。ロシア航空宇宙軍の空爆開始に先立ち、壊滅的な状況にあったアサド政権のテコ入れを図るのがその目的であったと見られている。実際、元軍人を中心に構成され、戦車などの重装備も与えられたワグネルはKSSOの特殊作戦部隊と並んで有力な戦力となり、パルミラやデリゾールの奪還では中心的な役割を果たしたとされる。

だが、彼らが完全にロシア政府のコントロール下にあるのかどうか、疑われるような事態も発生している。2018年2月7日深夜から翌8日にかけて、アサド政権側の1個大隊がクルド人勢力の支配下にあるユーフラテス川東岸に侵入し、米軍の猛烈な空爆で撃退された事件がそれである。この地域は米露の仲介で合意された非戦闘地域に当たっていたことから、アサド政権側の停戦合意違反とされ、ロシア側も表向きはこれを非難する側に回った。

しかし、『コメルサント』(2018年2月14日)によると、この侵攻作戦にはワグネルのコントラクター約600人が加わっており、ロシア政府の許可を得ずにデリゾールの石油精製施設を占拠することを目的としていたという。

これに先立つ2017年12月12日、AP通信は、ワグネルの活動にはプリゴジン氏の個人的な経済的利権が関連していると指摘していた。ワグネルのフロント企業であるエヴロポリス社がシリアの国有石油企業と結んだ契約書を独自に入手して報じたもので、エヴロポリス社はワグネルのコントラクターがISから奪取し、警備する施設から得られる石油・ガス収入の25％を得る約束になっていたという。デリゾールにおける出来事は、こうした利権獲得を目指す軍事行動であった可能性がある。

さらに2017年以降には、ワグネルはアフリカでの資源利権確保のためにも投入されているという情報が見られるようになった。知られている限りでは、スーダンの金鉱山警備や中央アフリカの金・ダイヤモンド鉱山警備などが主なところで、そのいずれもがプリゴジン氏の関連企業が開発利権を得ている場所であった（Marten 2019）。ちなみに中央アフリカでは2018年7月、ワグネルの活動を追っていたドキュメンタリー番組の撮影チーム3人が何者かに殺害されているが、ロシアの民間団体「ドシヨー・センター」は携帯電話の通話記録などを独自に調査した結果、プリゴジン氏の周辺が殺害を命じた可能性が高いと結論づけている（*Meduza* 2019.1.10.）。

こうした動きを見る限り、ロシア政府のために戦闘任務を担う見返りとして外国の資源利権を獲得する権利を与えられる、というのがワグネルの「事業モデル」であるようだ。

†リビアでの敗北

2018年11月には、ワグネルがリビアへの進出を狙っているのではないかという観測が浮上した。内戦の続くリビアで東部一帯の支配権を手にしたリビア国民軍（LNA）の指導者ハフタル将軍がモスクワを訪問し（同人はロシアとのつながりが深く、頻繁に訪露している）、プーチン大統領、ショイグ国防相、ゲラシモフ参謀総長らと会談した際、プリゴジン氏が同席している様子がテレビで放映されたのである。夕食会に食事を提供したケータリング会社の代表として出席していただけだという関係者談話もロシアでは報じられているが、ケータリング業者がこのように機微な政治協議に出席するというのはどう考えても普通ではないだろう。

翌2019年には、リビアにワグネルが展開していることはほぼ確実と見られるようになった。同年9月、ハフタル率いるLNAが首都トリポリを敵対する国民合意政府（GNA）から奪還するために発起した大攻勢において、ワグネルが先鋒を務めたためである（Wehrey 2019）。重火器を持ち、練度の高いワグネルのコントラクターたちの支援を得たことで、LNAの攻勢は大きな衝撃効果を発揮し、一時的にトリポリを占拠するまでに至った。

だが、形勢は再び逆転する。11月、LNAの攻勢によって苦境に立たされていたGNAが、東地中海の天然ガス開発を巡って周辺諸国との対立を先鋭化させつつあったトルコと手を組んだのである。トルコがGNA側に軍を派遣するとともに、シリア人民兵や武器を大量に供与するようになったことでLNAは次第に劣勢に陥り、2020年6月にはトリポリを完全に放棄して退却せざるを得なくなった。

米国務省、国防総省、国際開発局の合同報告書によると、2020年1月から3月にかけての第1四半期にリビアに展開していたワグネルのコントラクターは、800人から最大で2500人に及んだとされるが（Lead Inspector General 2020）、トルコ正規軍の支援を得たGNAに対してPMCができることはそう多くなかった。米CSISのブライアン・カッツとジョセフ・ベルムデスJr.は、これがPMCによる代理戦争の限界を示すものであると評価している（Katz and Bermudez Jr. 2020）。

†「ワグネルって何ですか?」

こうした状況に対し、ロシアは5月頃から少なくとも14機の戦闘爆撃機をシリア経由でリビアに送り込み始めたと米軍アフリカ・コマンドは主張している（USAFRICOM 2020）。シリアの場合と同様に強力な航空支援で戦局を逆転させようとしたものと見られるが、問題はリビアへの直接介入の事実をロシア政府はあくまでも否認していたことである。この結果、送り込まれた戦闘爆撃機は（航空宇宙軍ではなく）ワグネルに雇われたパイロットの手に委ねられることになった。ワグネルはついに戦闘爆撃機まで運用する「民間」軍事会社となったわけだが、米軍アフリカ・コマンドは彼らが技量未熟な上に国際法を遵守しない可能性があるとしており、実際にこれらの戦闘爆撃機は現在までに2度の墜落事故を起こしている。

だが、こうしたロシアのテコ入れが戦局を好転させることはなかった。トリポリからの撤退後、LNAが軍事力の再建に手間取っていることに加えて、ロシア自身がトルコとの決定的な関係悪化を望まなかったためである。日本エネルギー経済研究所中東研究センターの小林周《あまね》が述べるように、ロシアが望んでいるのはリビアの紛争参加勢力全体に対して影響力を拡大することなのであって、LNAに「一点賭け」してトルコやGNAと全面的な対立を招こうとしているわけではない（小林2020）。

しかも、カーネギー国際平和財団のポール・ストロンスキーが述べる通り、LNAに加勢したワグネルの敗退は表面上、ロシアの敗北ではないと言い繕う余地がある。彼らはあくまでも存在自体が公認されていない違法な武装組織に過ぎず、その死も敗北も「ロシアのもの」ではないからだ（Stronski 2020）。その意味では、時に政府によるコントロールが怪しくても、ＰＭＣはロシアにとって非常に便利な地政学的ツールであると言えよう。

ちなみに、前述したミンスクでのワグネル拘束事件の際、記者会見でウクライナのメディアから追及を受けたロシア大統領府のドミトリー・ペスコフ大統領報道官は次のように述べている。

「なるほど。で、ＰＭＣ「ワグネル」ってなんですか？　ロシアには法的にも、実質的にも「ＰＭＣ」なる概念は存在しません。ＰＭＣって何ですか？」

ロシア国旗を掲げることを許されず、それでもロシアのために戦って死んでいった「兵士」たちはこれを何と聞くだろうか。

4　「状況」を作り出すための軍事力

†「勝たないように戦う」

以上で見たように、ロシアはウクライナと中東でそれぞれ微妙に異なった介入手法を用いているが、二つの事例における軍事力の活用方法には共通点も見られる。すなわち、敵の戦闘力を破壊したり領土を奪取するためだけでなく、ロシアにとって好ましい状況を作り出す（作為する）役割を軍事力が負っていたということである。

クリミアやドンバスにおいて軍事力が作り出した「状況」は、ウクライナを紛争国家化することであった。ウクライナを征服して完全に「勢力圏」に組み込むのではなく、同国が西側の一部となってしまわないように（具体的に言えばＮＡＴＯやＥＵに加盟できないように）しておけばそれでよかったのである。非軍事的手段や民兵による蜂起ではこの目標が達成できないと見ると、ロシアは正規軍やＰＭＣを送り込んだが、その任務は戦争を終わらせないことであり、実際に２０２１年現在に至るもウクライナは紛争国家であり続けている。「勝たないように戦う」ことがウクライナにおけるロシア軍の任務なのだと言えよう。

一方、シリアにおいてロシアが懸念していたのは、トルコとイスラエルだ。トルコがシリアの反アサド政権勢力を支援していることは公然の秘密であり、プーチン大統領もこれを示唆する発言を行ったことがあるが、かといってトルコと正面から事を構えるのは現実的ではない。トルコがロシアの兵站線を扼する位置にあることに加え、同国は欧州最大の陸軍力を持つためである。しかも、トルコとの戦争となればＮＡＴＯ加盟国の集団防衛を定めた北大西洋憲章第５条が発動せざるを得ず、全面戦争になってしまう。

これに対してイスラエルは、シリア紛争の過程でイランが影響力を大幅に拡大させたことに懸念を示していた。ロシアと並んでアサド政権を支え続けてきたイランは、革命防衛隊（ＩＲＧＣ）の正規部隊やその傘下にある対外介入組織「クッズ部隊」、さらにはレバノンの武装組織「ヒズボラ」を大量にシリアに送り込んでいた。

ことに２０１８年後半には、こうしたイランの直接・間接の影響下にある軍事組織がイスラエルに隣接するゴラン高原にまで展開するようになり、ロケット弾攻撃を行なったり、ドローンをイスラエル領空に進入させるようになっていた。これに対してイスラエルはシリア領内に戦闘爆撃機を進入させてイランやヒズボラの拠点を激しく空爆するようになり、シリアを舞台とするイスラエル対イランの直接衝突が発生しかねない事態となった。

ただ、エスカレーション（激化）の懸念を抱いていたのはロシアだけではない。トルコにせよイスラエルにせよ、ロシアとの全面戦争になれば、破滅的な結果に至ることは同様であった。実際、２０１５年11月にイドリブとトルコの国境付近でロシアのＳｕ－24Ｍ戦闘爆撃機がトルコのＦ－16戦闘機に撃墜される事件が起きると、ロシアとの直接衝突を恐れたトルコはにわかに姿勢を軟化させた。その後もトルコはシリアのクルド人支配地域に対して３回の侵攻作戦を発動しているが、ロシア軍が展開してくるとそこで軍事行動を終了させ、以降はロシア軍憲兵隊とトルコ軍による合同パトロールを行うという合意が成立している。

同じような構図はイスラエルとの関係でも見られた。イスラエルがシリアへの越境爆撃を繰り返すと、ロシアもこれに呼応するようにしてレバノン上空へと自国の戦闘機を繰り返し侵入させ、同時にゴラン高原に憲兵隊を展開させてイランとイスラエルの兵力引き離しを図ったのである。

憲兵隊といえば軍内部での規律維持や防諜《ぼうちょう》などを任務とするのが普通であるが、シリアにおけるロシア軍憲兵隊の任務は明らかにそれと異なっていることが見てとれよう。それはロシアの軍事介入が作りだした「状況」を地域大国によって妨害させないための緩衝材であると同時に、もし憲兵隊が吸収しきれない程の衝撃が加えられれば、ロシアによる報復を招くことを認識させるための装置でもあった。

†「解凍」されたナゴルノ・カラバフ紛争

勝利を目的としない軍事力の活用は、2020年秋に旧ソ連のアルメニアとアゼルバイジャンの間で発生した第二次ナゴルノ・カラバフ紛争でも見られた。

ソ連崩壊後の第一次ナゴルノ・カラバフ紛争によってアルメニアがアゼルバイジャン領ナゴルノ・カラバフとその周辺地域を占領して以来、両国は「凍結された紛争」と呼ばれる軍事的対峙を四半世紀にわたって続けてきた。ところが、この間に豊富なオイルマネーによって軍事力を強化したアゼルバイジャンは、この年の9月27日にナゴルノ・カラバフ全域で大規模な攻勢を仕掛け、約1カ月半後の11月9日には要衝シュシャを完全制圧することに成功した。「凍結された紛争」がついに解凍されたのである。シュシャの陥落によってナゴルノ・カラバフの「首都」ステパナケルトへのアクセスを断たれたアルメニアは、ついにロシアの仲介による停戦を呑まざるを得ない状況に追い込まれた。

アゼルバイジャンによる大逆転的な勝利については、同国がトルコやイスラエルから導入したドローンの活躍にその原因が求められることが多い。実際、トルコ製のバイラクタルTB－2は戦場上空を隈なく監視し、発見した目標を攻撃する上で大きな効果を発揮したし、目標を見つけ出すや自らがミサイルとなって突っ込んでいくイスラエル製の自爆ドローン、ハーピーやオービターの威力は世界に大きなショックを与えた。この種の兵器がこれだけ大規模に使用されたのはおそらくこれが初めてであろう。

これはアルメニア軍にとってかなり予想外の結果であったと思われる。第一次ナゴルノ・カラバフ紛争後、アルメニアはオハニャン前国防相の指揮でナゴルノ・カラバフの山岳地帯を徹底的に要塞化した防衛線、通称「オハニャン線」を構築しており、アゼルバイジャン軍の大攻勢を受けても容易に突破されない防衛態勢を整えていた。

	アゼルバイジャン		アルメニア	
	開戦前の戦力 *	損害 **	開戦前の戦力 *	損害 **
戦車	439両	22両	109両	135両
歩兵戦闘車	216両	18両	231両	25両
装甲兵員輸送車	568両	2両	130両	31両
火砲・ロケット砲	598門	2門	232門	198門
防空システム	不明	0基	不明	26基

表6　第二次ナゴルノ・カラバフ紛争におけるアゼルバイジャンとアルメニアの損害

*IISS2020より。アルメニア軍の戦力にはナゴルノ・カラバフ自衛軍を含まない。
**Oryxの集計に基づく。ここで挙げられている数字は映像などで確認されたもののみ。なお、アルメニア側の損害にはナゴルノ・カラバフ自衛軍を含む。

実際、今回の戦争でも「オハニャン線」は最後まで持ち堪えたのだが、問題は要塞化の困難な南部の平野地帯である。アゼルバイジャンはここに目をつけ、ドローンが見つけ出した目標を火砲やロケット砲で叩いたり、あるいは自爆ドローンを突入させて破壊するという戦術を用いた。特に重点的な攻撃目標となったのは防空システムや、火砲・ロケット砲などの火力支援手段、そして戦車などの機甲戦力であり、戦争の半ばにはアルメニア軍の地上部隊はほぼ丸裸になっていたと見られる。双方の損害をまとめた以下の表6からも、アルメニア軍がこれらの戦力を大幅に削り取られたことが見てとれよう。

†ドローンは「ゲーム・チェンジャー」か？

このようにしてみると、アゼルバイジャン軍のドローンは戦争の趨勢を決定的に変える「ゲーム・チェンジャー」であったように見えるし、実際にそのような論調は少なくない。「オハニャン線」のような要塞地帯を建設したところで、ドローンの前には無力ではないかと言われればそんな気もしてくる。

しかし、ドローンは無敵の兵器ではない。「矛盾」の故事が示すように、ある攻撃手段が登場すればこれに対抗する防御手段が登場するのが歴史の常であった。実際、米中露をはじめとする世界の軍事大国は、ドローンを無効化するための様々な手段の開発にしのぎを削っている。

その一つが電波妨害システムだ。ドローンは後方のコントロール局から遠隔操作される「ラジコン」であるから、コントロール電波が遮断されれば墜落するか基地に戻るほかない。ドローンが自機の位置を把握するためのGPS信号を偽の信号と入れ替え、間違った場所に向かわせるという方法もある（ロシアがこの種の方法を実用化していることは第1章で紹介した）。

またドローンは、発見さえできれば撃墜することができる。非常に小さく低速であるために防空システムの探知システムをすり抜けてしまう場合もあるが、シリアやナゴルノ・カラバフでは、ロシア製防空システムが実際にかなりの数のドローンを撃墜した。さらに最近では光学センサーでドローンを探知して撃墜できるミサイルや機関砲が登場しているほか、近い将来にはレーザーを使用する対ドローン防衛システムも登場してくることが予想されている。

だが今回の紛争では、こうした対ドローン用装備がアルメニア側には決定的に不足していた。アゼルバイジャンがトルコやイスラエルから熱心にドローンを導入していることは戦争前から判明していたにもかかわらず、十分な対策がなされなかったのである。アルメニアは2019年にロシアから12機のSu-30SM戦闘爆撃機を購入する契約を結んでいるが、この資金を自前のドローン戦力とか対ドローン用装備に投じていれば、戦争の様相はずいぶん違ったのではないかという声は各国の軍事専門家の中に少なくない。

つまり、アゼルバイジャンが一方的なドローン戦を展開できたのはアルメニアの落ち度による部分がかなり大きく、今回の紛争における一事例を以てドローンを「ゲーム・チェンジャー」と位置付けるのは早計であろう。

†「意志のせめぎ合い」としての戦争

では、仮にアルメニアが十分なドローン対策を導入していれば、アゼルバイジャンの勝利という結末は変わっただろうか。あるいは、アゼルバイジャンがドローンを持っていなければ、勝利できなかっただろうか。筆者の見解はいずれも否である。

第一次ナゴルノ・カラバフ紛争は終始アルメニア側の優勢で推移したが、これはソ連末期からアルメニア側が独自の軍事組織作りを進め、このような準備の乏しかったアゼルバイジャン側を圧倒した結果であった。これを苦い教訓としたアゼルバイジャン軍は、人口の大きさと豊富なオイルマネーを背景に軍事力建設を推し進め、友好国トルコとの合同演習などを通じて訓練も大幅に改善した。

いかにドローンが大きな威力を発揮したとしても、最後に勝敗を決するのは古典的な地上戦である。「オハニャン線」が最後まで陥落しなかったことからも明らかなように、塹《ざん》壕《ごう》に籠った歩兵を殲滅《せんめつ》するのは極めて困難であって、ここで勝てなければ意味がない。

ちなみに、停戦後に明らかにされたところによると、この戦争による死者はアルメニア側が２９９６人、アゼルバイジャン側が２７８３人であったという。アゼルバイジャンも決して楽に勝ったわけではなく、地上戦で大きな損害を出しながらもあくまで戦闘を継続する意志と、それを可能とする古典的な軍事力の強弱が最後には物を言ったのである。本書の「はじめに」では、「戦争とは人間同士の意志のせめぎ合いである」というマクマスターの言葉を紹介したが、アゼルバイジャンの真の勝因は、あくまでも戦い抜き、勝利する「意志」の力に求められるべきであろう。

†アゼルバイジャンの「読み勝ち」

ところでアルメニアはロシアを中心とする旧ソ連の軍事同盟「集団安全保障条約機構（CSTO）」の正式メンバーであり、同国にはロシア軍も駐留している。だが、この紛争の期間中、ロシア軍は沈黙を保ち、アルメニア軍が敗北するに任せた。一見すると、これは全く奇妙な振る舞いと映ろう。旧ソ連の南カフカスを構成するアルメニア、アゼルバイジャン、グルジアのうち、ロシアと正式な同盟関係にあるのはアルメニアだけであり、同国は政治・経済的にもロシアとのつながりが深い。そのアルメニアをロシアはなぜ見捨てたのだろうか。

公式の理由は、「法的な義務がないから」というものだ。シュシャの陥落が迫っていた11月7日、プーチン大統領は、アルメニアは確かに同盟国だが、戦闘はアルメニア領に含まれないナゴルノ・カラバフで行われているのだから支援するわけにはいかないという意味のことを述べている。確かにロシアはナゴルノ・カラバフをアルメニア領と認めていないので、以上の発言は法的には矛盾しないが、敗北寸前の同盟国に投げかけるにはあまりにも冷淡な言葉と響くのも事実である。実際、紛争後のアルメニアでは、ロシアの態度を「裏切り」と捉えて反露的な感情が高まっている。

しかし、旧ソ連全体を「消極的な勢力圏」に留め置こうとすることがロシアの戦略なのだとすれば、また違う構図も見えてこよう。

第一に、ロシアから見ると、アルメニアの弱体化は決して歓迎すべからざる事態ではない。2018年にサルキシャン政権を打倒して成立した現在のパシニャン政権は、ロシアと距離を取って西側との接近を模索していた。つまりアルメニアは「勢力圏」脱出（あるいはその相対化）を目論《もくろ》んでいたのであり、ロシアにしてみるとどこかで歯止めをかける必要があった。アルメニアがアゼルバイジャンとの戦争で大敗し、これを支援したトルコとの関係も悪化したことは、同国がロシアへの依存を強めざるを得なくなることを意味している。

第二に、ロシアから見ればアゼルバイジャンもまた確保すべき「勢力圏」である。ここでロシアがアルメニア側に立って参戦した場合、アゼルバイジャンは反露的な姿勢を決定的に強め、トルコとの軍事的な関係を深めるだろう。こうなると、NATO加盟国であるトルコの軍事基地がアゼルバイジャンに出現するという事態にさえなりかねないし、カスピ海でのエネルギー開発や武器輸出ビジネスも全てご破算となる公算が高い。

そして、アゼルバイジャンは、こうした「状況」を的確に読んだ。仮にアルメニアとの全面戦争に至っても、戦域をナゴルノ・カラバフ周辺だけに限定すればロシアは介入してこないと踏み、実際にこの思惑が当たったのである。

さらにアゼルバイジャンはトルコを味方につけた。人種・言語・宗教などで近しい関係にある両国は、以前から互いを「兄弟国家」とみなしてきたが、今回の戦争ではトルコがより直接的な形でアゼルバイジャン支援に回り、シリアから4000人もの民兵を募ってカラバフの戦場に送り込んだとされる。その多くは「弾除け」のような扱いを受けて400人以上の戦死者を出したとされるが、前述した地上戦の重要性を考えれば、これだけの増援は一定の効果を及ぼしたと考えられよう。アゼルバイジャン版の「ハイブリッドな戦争」である。

また、紛争後にアゼルバイジャンのバクーで行われた軍事パレードにはトルコ軍の特殊部隊が参加している。深読みをすれば、彼らは単なる「友情出演」ではなく、実際にナゴルノ・カラバフに派遣されていた可能性も排除できまい（戦場でトルコ語を話す兵士を見たというアルメニア兵の証言がある）。

†エスカレーションを抑止する

一方、この紛争では、ロシアの立ち回りの巧妙さも目立った。

ロシアの「勢力圏」戦略にとってはアルメニアを見捨てることが最適解だったのだとしても、問題は紛争を適当なところで沈静化させることであった。よく言われるように、戦争は始めるよりも終わらせる方が難しい。もし11月9日に戦闘が停止されていなければ、アゼルバイジャン軍はナゴルノ・カラバフ全域を席巻していた可能性が高く、アルメニアの反露感情は制御不能なレベルに高まっていたと思われる。また、この場合、紛争解決はトルコとアゼルバイジャン主導で行われ、ロシアはほとんど蚊帳の外に置かれることになっていただろう。

ここでロシアは軍事力を活用した。モスクワ時間の11月10日午前0時に停戦が発効するのとほぼ同時に、輸送機部隊を大量動員して平和維持部隊をナゴルノ・カラバフに送り込んだのである。派遣されたのは、中央軍管区の平和維持任務専任部隊である第15自動車化歩兵旅団の約2000人で、ほぼ数日のうちにアルメニア軍とアゼルバイジャン軍の間に兵力引き離し地帯を形成した。ロシア軍が最前線に展開している以上、もはや停戦違反はロシアとの直接軍事衝突とならざるを得ず、それはアゼルバイジャンの破滅を意味するという「状況」が作り出されたのである。

さらに停戦発効から2時間近く経った11月10日午前1時53分には、アゼルバイジャンの首都バクー郊外で突然、爆発が発生している。当初はアルメニア軍によるミサイル攻撃かとも思われたが、アルメニア側は関与を否定しており、アゼルバイジャン側もこの件に関して沈黙を貫くという奇妙な事態であった。

その真相は現在も明らかにされていないが、停戦後に『ニューヨーク・タイムズ』紙に掲載された記事（Troianovski and Gall 2020）は、これがロシアの「警告射撃」であった可能性を指摘している。この記事によると、ロシアは11月9日、アゼルバイジャンが戦闘を停止しなければ軍事介入を行うと警告し、ダメ押しとしてミサイル攻撃を行なったという見方があるという。紛争を適当なところで沈静化させるためにデモンストレーション的に軍事力を使用するという「エスカレーション抑止」戦略は、近年のロシア軍事研究において特に注目を集めているトピックであり、この点については第5章で詳しく触れることにしたい。

†暴力の行使という溝

まとめるならばこういうことである。

近年、ロシアが関与してきた軍事紛争において中心的な役割を占めてきたのは、あくまでも軍事的手段、つまり暴力を闘争手段とする軍事力であった。そこでは確かにサイバー戦や情報戦といった非軍事的手段が活用され、あるいは民兵やＰＭＣといった非国家主体も用いられてはいるが、いずれも正規の軍事力に取って代わるものではない。

これに対して、軍事紛争なのだから軍事力が中心となるのは当たり前だという反論は可能である。しかし、このような批判は、非軍事的局面では非軍事的手段が中心を占めるという主張にもそのまま跳ね返ってこよう。ここまで見てきた事例から得られる結論は、軍事的な局面と非軍事的な局面の間には暴力の行使という決定的な溝が存在するということであり、ＩＣＴのような新テクノロジーはそれを埋めるものではないということではないだろうか。

と同時に、軍事的な局面においてロシアが行なった軍事力行使には、古典的な戦争概念に当てはまらない部分が多々見られることも確かである。クリミア、ドンバス、シリア、そしてナゴルノ・カラバフでの紛争においては、軍事力が戦闘における勝利（だけ）ではなく、ロシアにとって有利な「状況」を作りだすという役割を担った。これが現代ロシアの軍事戦略に特有の役割ではないとしても、古典的な戦闘力の優劣のみではロシアの持つ軍事力の価値を測れない、ということは言えるだろう。その意味では、ロシアの軍事力行使には戦争の「性質」変化を予見させる部分があることは認めざるを得ない。

しかしながら、「状況」を作りだすための軍事力の活用は、より大規模な軍事力行使の可能性と常にリンクしていた。別の言い方をすれば、軍事力が作りだす「状況」を担保しているのは、実は古典的な戦争がもたらす破壊的な効果であるということだ。これは民兵やドローンを活用した「新しい」とされる戦争遂行方法についても同様であって、ドンバスの民兵がＡＴＯ部隊の介入で総崩れになったこと、アゼルバイジャンのドローン戦が妨害を受けないからこそ有効性を発揮したことなどはその一例である。

このように、今後の地域紛争では、大国による介入をいかにして阻止・回避しながら「新しい」手段による低烈度紛争を戦うかが焦点となってこよう。

第 4 章

ロシアが備える未来の戦争

シリアにも投入されているパンツィリ-S1防空システム。S-400などの広域防空システムとネットワークで連接され、統合防空システム(IADS)を構成する。(著者撮影)

「誰も大規模戦争のことを無視することなどできませんし、そのための準備を怠るなど論外です」

ヴァレリー・ゲラシモフ（ロシア軍参謀総長）

1　大演習を見る視角

†秋は演習の季節

ロシアの軍事を専門とする筆者にとって、毎年秋は多忙な季節である。6月1日に始まって10月31日に終わる夏季訓練期間がその半ばに入り、大規模な訓練活動が盛んに行われるためだ。

そのハイライトと言えるのが、毎年9月半ば頃に実施される軍管区レベルの大演習である。ロシア国防省の公式サイト、軍の機関紙『赤い星』、国防省系テレビ局「ズヴェズダ」などに膨大な量の情報が掲載されるため、これらをチェックしているうちに1日が終わっているということも珍しくない。我ながらあまり色気のない1日だとは思うものの、そこにロシアの軍事戦略を考えるヒントが多分に含まれているために、演習ウォッチは毎年続けている。

訓練よりも実際の軍事紛争を見ておけばいいではないかという考え方もあろうが、両者の間には重大な差異が存在する。これまでにロシアが関与してきた紛争は、そのいずれも

紛争の類型	定義
武力紛争	限定的な規模の国家間武力衝突（国家間武力紛争）または一国の領域内における敵対勢力間の武力衝突（国内武力紛争）
局地戦争	限定的な軍事的・政治的目標を追求するために敵対する国家間の境界で軍事行動が行われ、当該国家の利益（領土、経済、政治その他）のみに関わる戦争
地域戦争	１つの地域の中で主要な国家や連合の軍事力が関与し、その過程で重要な軍事的・政治的目標が追求される戦争
大規模戦争	国家連合または世界で最も大規模な国家同士が根本的な軍事的・政治的目標を追求する戦争。大規模戦争は、武力紛争、局地戦争、地域戦争がエスカレートし、世界の多様な地域から相当数の国家が参加した結果として生起しうる。この戦争には、参戦国が持つ全ての物質的資源と精神力を動員することが求められる

表７　『ロシア連邦軍事ドクトリン』における紛争の４類型
出典：『ロシア連邦軍事ドクトリン』第１章第８項д）〜з）を元に筆者作成

が比較的低烈度の紛争であって、米中露といった軍事大国による全面戦争——大規模戦争ではない、という点がそれである。

表７に示すように、『ロシア連邦軍事ドクトリン』は軍事紛争を４つの類型に分類している。これに従えば、ロシア国内で行われた第一次・第二次のチェチェン紛争は「武力紛争（国内武力紛争）」、グルジアやウクライナでの戦争は「局地戦争」、そして米国、ロシア、トルコといった多様な勢力が関与するシリア戦争は「地域戦争」と位置付けられることになろう。

一方、世界の主要大国が全力を投入して（ということは核兵器も含めて）戦う「大規模戦争」は第二次世界大戦の終結以降は発生しておらず、したがって過去の実例に基づいてロシアの軍事戦略を検証するというこれまでの方法は通用しないことになる。つまり、大規模戦争に関するロシアの軍事戦略を知ろうとすれば、現時点では（願わくば将来も）大規模な演習活動に依拠するほかない。

だが、いかに米露関係が悪化しているとはいえ、果たして第二次世界大戦さながらの大規模戦争というシナリオにはどこまで蓋然性が存在するのだろうか。そこでロシアが想定している敵とは何であり、戦争はどのようにして始まると考えられているのだろうか。また、仮にロシアがそのような戦争に巻き込まれた場合、これをどのようにして戦い抜き、破滅的な全面核戦争に至ることなく終わらせようとしているのだろうか――以下、本章では、近年のロシア軍が実施している大演習を題材として、これらの点について考えていきたい。

†そもそも演習とは

本題に入る前に、まずはロシア軍が実施する「演習」について把握することから始めよう。

軍需産業を統括するロゴジン副首相（当時。2018年5月以降は国営宇宙公社ロスコスモス総裁）が編纂した軍事用語辞書『用語法及び定義における戦争と平和』によると、ロシア軍における演習は、「総合的準備」の一環として位置付けられている（Рогозин/ред 2017）。総合的準備とは、要員教育及び部隊錬成の体系であり、『ロシア連邦軍事ドクトリン』に定められた国防上の目的にロシア連邦軍を適合させるための作戦準備、戦闘準備、心理的準備、動員準備の4つの要素から構成される。このうち、ロシア軍における演習の位置付けを理解する上で重要なのは、作戦準備と戦闘準備である。

作戦準備とは軍の作戦機関や、戦略及び作戦レベルの指揮官・参謀を訓練し、連合部隊（ロシア軍の各軍種を構成する最も大きな単位）を錬成することを目的としたものであり、比較的高いレベルでの訓練活動である。いうなれば、一つの戦争を指揮・運営する能力の獲得及び向上を目指したものということになろう。一方、戦闘準備とはこれ以下のレベルにおける人員や部隊が実際の戦闘環境下において、成功裏に活動できる能力の獲得を目指した訓練活動を指す。つまり、戦場での活動に重点を置いたものといえる。

ロシア国防省公式サイトが述べるところによれば、演習は、この双方の準備活動における最重要かつ最も効果的な手段である。作戦準備にせよ戦闘準備にせよ、実際の戦争状況や戦闘環境を想定して頭脳や部隊を動かしてみることこそが、強い軍隊を作り上げる上での必須要件であるためだ。ロシア帝国の軍人であったスヴォーロフ元帥が述べたとおり、「訓練での苦労は戦闘を楽にする」のである。

ちなみに、ここでいう戦略レベルというのは、概ね軍管区のレベルを指すと理解しておきたい。軍管区は平時において軍事施設の維持運営、補給、演習、徴兵などを実施する軍事行政単位であり、近年では軍管区司令部を基礎として設立された統合戦略コマンド（OSK）が域内の陸海空軍部隊（戦略核部隊などの最高司令部直轄兵力を除く）を統合指揮する体制が取られている。軍管区／OSKはある戦略方面において独立して軍事作戦を行う能力を持った作戦・戦略連合部隊と位置付けられているから、これらが単位となって実施される戦略レベル演習は、一つの戦争の遂行を丸ごとシミュレートするものと考えられよう（Norberg 2015）。したがって、以下で扱うのは、基本的にこの種の戦略レベル演習である。

†演習の読み解き方

ロシア軍の演習について見ていく前にもう一つ検討しておくべきは、それらをどのようにして読み解くのかである。

演習とは、一国の軍隊が将来の戦争のあり方を想定してこれに対処する方法を訓練するものであるだけに、その全貌を把握することは簡単ではない。スウェーデン防衛研究所（FOI）のノルベルグが述べるように、「軍事計画者が将来のありうる戦争や敵の詳細について公然と語ることは稀」であり、「演習の意図や想定される敵についての議論は不確実な推測になりがち」だからである（Norberg 2015）。

以上の前提に基づいてノルベルグは、個々の演習を将来の戦争の雛形と見るのではなく、そこで獲得することが目指されている「能力」に着目すべきであると主張する。具体的には、個々の演習に際して公式に発表される①目的、②作戦の地理的範囲、そして③スコープ（投入される兵力の規模と指揮統制に関わる複雑性のレベル）がその指標となる。また、ノルベルグは、ある大規模演習はそれ単独で見るべきではなく、これと前後して、あるいは並行して実施されるより小規模の演習も含めて一つの戦争シナリオを構成するとみなすべきであるとも述べる。

このようにして見ていくと、ロシア軍の演習内容は時系列的な変遷をたどっていることがわかる。後述するように、２０００年代末から２０１０年代初頭にかけてのロシア軍大演習では国家間の古典的な戦争に主眼が置かれ、特にＰＧＭへの対処が中心的な課題であった。また、ロシア軍はこれと平行して非国家武装勢力との戦いを想定した大規模な対テロ戦争演習を実施してきたが、両者は基本的に別個のものとして扱われてきた。しかし、これ以降、ロシア軍の演習内容には微妙な変化が現れる。ハイテク戦力が駆使されることは同様であるが、米国などの西側諸国やロシア周辺の地域が「過激派」や「テロリスト」などの手先（プロキシ）を駆使してロシアや同盟国の内部を不安定化させるという想定が登場するようになるのである。

2　対テロ戦争、大規模戦争、「カラー革命」

†変貌するロシア軍

演習の実態を検討するに当たっては、2008年から2020年までの13年間を3つの時期に区分するという方法を採用した。

2008年を出発点としたのは、この年からアナトリー・セルジュコフ国防相による大規模な軍改革が開始されたためである。その要諦を一言で表せば、大規模戦争への対処能力を大幅に低下させることと引き換えに、小規模紛争により効果的に対処できるコンパクトで機動的な軍事力への転換を目指すものであったということになろう（セルジュコフ改革については小泉2016を参照）。

その背景には、いつ起こるのかわからない大規模戦争よりも、ロシアが直近で対処を迫られる可能性の高い小規模紛争を優先すべきだという、ある種のリアリズムが存在していた。

例えば改革前のロシア陸軍では、大部分の部隊が主に将校や下士官などの基幹要員で構成され、実際に戦闘を担う兵士はごく少数しか配備されていなかった。平時には部隊だけを維持しておき、兵士は有事に一般市民の予備役を動員してくるという方式である。ソ連崩壊後に激減した国防予算の中でもなんとか大規模戦争の遂行能力を維持しようとした結果であるが、これでは戦争の準備が整うまでに多大な時間がかかり、突発的に起きる小規模紛争（グルジア戦争は勃発からわずか5日間で終結しており、それゆえ「5日間戦争」とも呼ばれる）に迅速に対処することができない。実際、グルジア戦争時には、ただちに戦闘に投入できる部隊（常時即応部隊）は全ロシア陸軍中の17％に過ぎなかったとされる。

これに対してセルジュコフ国防相は、ロシア陸軍の部隊数をそれまでの１８９０個部隊から１７２個部隊に削減するという大ナタを振るった。代わりに、残った部隊には平時から十分な兵員を配備して全軍を常時即応化しようとしたのである。

さらにセルジュコフ国防相は、１万人程度の兵力と強力な火力を備える従来の師団をほとんど全て解体した。大規模戦争を想定しないならば師団のような大規模な作戦単位は不要であるというのがその理由で、解体された師団の大部分は約４０００人程度の旅団へと改編された。

このほかにも、前述した軍管区の統合とＯＳＫの設立なども含め、セルジュコフ国防相が押し進めた改革の範囲は実に幅広い。当時、これが「スターリンの軍政改革以来」とか

「ピョートル大帝による近代軍創設以来」の改革と呼ばれたのは多少大袈裟であるとしても、ソ連崩壊後に行われた軍改革としては最も大規模で抜本的なものであったことだけは間違いないだろう。

†対テロ戦争の時代──「カフカス」と「ツェントル」

では、セルジュコフ改革が始まった当初、ロシア軍の大演習はどのように実施されていたのだろうか。ノルベルグの挙げた3つの指標(目的、地理的範囲、スコープ)と付随する演習を基準にこの期間の主要な演習をまとめた表8を見ながら考えてみよう。

ここから読み取れるように、北カフカスでの「カフカス」演習やウラル地方での「ツェントル(中央)」演習、そして極東での「ヴォストーク(東方)」演習においては、仮想敵はテロ集団ないし非合法武装組織と想定され、ロシア軍の目的はこれらを撃退・殲滅することであった。

また、「ヴォストーク」を除くこれらの演習には連邦保安庁(FSB)の国境警備隊や内務省(MVD)の国内軍(VV)、さらには非常事態省(MChS)といった準軍事組織が関与しているが、これは対テロ戦争の遂行に関わる国境管理、治安・掃討作戦、民間人の避難・救護などを想定したものと考えられる(演習における軍の訓練活動はある程度公表されるが、これらの組織の訓練内容についてはほとんど発表がない場合が多く、実態の把握が難しい)。

だが、ここで想定されている対テロ戦争は、どれも非常に大掛かりなものである。例えば2009年に実施された「カフカス2009」演習の場合、動員兵力は人員約8500人、戦車約200両、装甲戦闘車両約450両、火砲約250門にも及んだ。2008年の「ツェントル2008」では人員1万2000人以上、装甲戦闘車両1000両以上、固定翼機・ヘリコプター50機以上というさらに大規模な兵力が動員されており、こうなると対テロ作戦というよりも局地戦争に近い印象がある。

これらの大演習で実際に想定されていた事態は、武装勢力がロシアの一部地域を実効支配してしまうことであろう。イスラム過激派による領域支配というと、2014年以降の中東におけるISが真っ先に想起されるが、ロシアはそれ以前から、同様の事態を幾度か経験していた。

最初の経験は、チェチェンを含む北カフカス地域である。1999年に勃発した第二次チェチェン紛争によってチェチェンの支配を回復したロシアであったが、これは紛争の終わりを意味しなかった。チェチェン独立派は地下に潜り、要人の暗殺、政府機関への襲撃、大都市でのテロといった武装闘争を展開していったのである。

しかも、2000年代に入ると、北カフカスでの紛争はその規模と性格を大きく変えた。

演習名	目的	地理的範囲	スコープ		付随する演習
			兵力規模	指揮統制の複雑性	
2008年					
カフカス2008	・北カフカスの一部地域を占拠しようとするテロ集団の活動阻止	北カフカス軍管区	・人員約8000人 ・装甲戦闘車両約700両 ・固定翼機・ヘリコプター30機以上	・ロシア軍（陸海空軍、空挺部隊） ・FSB（国境警備隊） ・MVD（VV）	
ヴォストーク2008	・炭化水素資源の輸送安全確保 ・民間船舶に対するテロの阻止 ・テロ組織の局限化と殲滅	シベリア軍管区	・人員8500人以上 ・装備品650点以上	・ロシア軍（陸軍、空軍）	
ツェントル2008	・武力紛争の局限化 ・非合法武装組織、テロ組織の殲滅	沿ウラル軍管区	・人員1万2000人以上 ・装甲戦闘車両1000両以上 ・固定翼機・ヘリコプター50機以上	・ロシア軍（陸軍、空軍、空挺部隊） ・FSB（国境警備隊） ・MVD（VV） ・MChS	
スタビリノスチ2008	・軍事紛争の局限化と停止 ・災害・事故対処 ・戦略抑止 ・ロシア・ベラルーシ連合国家の安全保障	モスクワ軍管区、極東軍管区	不明	・ロシア軍（陸海空軍、宇宙部隊、戦略ロケット部隊） ・FSB（国境警備隊） ・MVD（VV） ・MChS	・オーセニ2008（ベラルーシ軍と合同）
2009年					
ザーパド2009	・ICTとPGMを駆使する仮想敵によるベラルーシ侵略の撃退	モスクワ軍管区及びベラルーシ	・人員1万2500人 ・戦車220両以上 ・装甲戦闘車両約470両 ・艦船230隻 ・固定翼機約60機 ・ヘリコプター約40機 （以上はロシア・ベラルーシ合計）	・ロシア軍（陸海空軍、空挺部隊） ・ロシア特殊機関（詳細不明） ・ベラルーシ軍 ・その他のベラルーシ政府機関（MVD、MChS、KGB、国境警備隊、保健省、運輸省、通信省）	秋季大演習オーセニ2009として実施
ラドガ2009	・ロシア北西部におけるロシア軍の運用能力実証	レニングラード軍管区	不明	・ロシア軍（陸海空軍、空挺部隊） ・FSB（国境警備隊） ・MVD（VV） ・MChS	
カフカス2009	・ロシア領に侵入しようとするテロ組織の撃退	北カフカス軍管区	・人員約8500人 ・戦車約200両 ・装甲戦闘車両約450両 ・火砲約250門	・ロシア軍（陸軍、空軍、空挺部隊） ・FSB（国境警備隊） ・MVD（VV）	

表8　2008-2009年におけるロシア軍の大演習

出典：ロシア国防省発表、報道資料などを中心として筆者作成

1990年代までのチェチェン紛争がチェチェン民族の独立闘争であったのに対して、2000年代にはこうした側面が急速に薄まり、北カフカス全域をロシアの支配から解放してシャリーア（イスラム法）を施行すべきであるとするイスラム過激派の力が強まっていった。

これは、当初の独立運動指導者たちが次々とロシアの掃討作戦で斃《たお》れ、代替わりを繰り返すうちに先鋭化が進んだ結果であった。それまでは「チェチェン・イチケリア共和国」を名乗っていたチェチェン独立派組織が、2007年に「カフカス首長国」と改名したことは、特に象徴的な出来事と言えよう。組織の看板から「チェチェン」が消え、代わりにイスラム法の統治下にあることを示す「首長国」が登場したのである。2000年代のロシアが直面していたのは、北カフカス全域における対テロ戦争であった。

もう一つの事例は中央アジアである。ウズベキスタンでは、ソ連崩壊前後からイスラム過激派勢力「ウズベキスタン・イスラム運動（IMU）」が登場し、隣接するアフガニスタンを拠点としてテロ活動を展開していたが、1999年から2000年にかけては、彼らがフェルガーナ盆地に進入した。ウズベキスタン領フェルガーナを中心として、ウズベキスタン、キルギスタン、タジキスタンの国境が複雑に絡み合う地域である。IMUはこの地域に戦闘員を送り込み、主要な都市部を占拠することでアフガニスタンとウズベキスタンの間に一種の回廊地帯を形成しようとしたと見られる。

2001年にアフガニスタン戦争が始まると、IMUの重点は米軍への攻撃に移っていったが、中央アジアで同じようなことが発生するのではないかという懸念はその後もロシアの安全保障コミュニティ内部に強く残った。特にロシアが懸念していたのは、米軍やNATOのISAFがアフガニスタンから撤退した後の事態である。それまでにアフガニスタンが領土の全域を安定して支配できる統治能力を回復することは困難であると見られていたためだ。

したがって、この当時のロシア軍大演習で想定されていた対テロ戦争とは、領域支配をめぐる非国家主体との組織的戦闘であったと言えるだろう。より具体的には、イスラム過激派思想をイデオロギー的な支柱とし、旧ソ連域内の一部を世俗政権から奪還してシャリーアの導入を目指すゲリラ組織との戦いがこの時期の対テロ戦争であったことになる。これはまさに、セルジュコフ改革で前提とされていた「現実にあり得る小規模紛争」そのものでもあった。

†「第6世代戦争」に備える

一方、「スタビリノスチ（安定性）2008」、「ザーパド（西方）2009」そして「ラドガ（ラドガ湖）2009」では、以上とは大きく異なる想定が見られた。すなわち、NATOとの大規模戦争である。

「スタビリノスチ2008」はベラルーシとの合同演習「オーセニ（秋）2008」をその一部に含む複合的な演習であり、ロシア西部からベラルーシにかけての広い地域で訓練が実施された。その重点はPGMを用いた大規模な空爆への対処とされ、防空戦訓練や防空システムを破壊しようとする敵特殊部隊の撃退訓練、飛行場が破壊された場合に備えて高速道路を使用して航空機を離発着させる訓練などが実施された。特に強調されたのは2002年に設立された重要政経拠点防空部隊である空軍特別任務コマンド（KSpN）の役割で、演習初期の5日間だけで同コマンド隷下の航空部隊は70回の出撃を行なって2000目標を防衛したとされる。

同様の傾向は、「ザーパド2009」でも見られた。この演習で重視されたのは自動化された防空戦指揮システムをネットワークで接続してその効率を向上させることであり、冷戦後に開発された新型広域防空システムS－400が演習に投入された。同演習に際して、ロシア陸軍のスココフ参謀長（当時）は「西部戦域においてはロシア軍の部隊グループは最新の兵力と手段を非接触的な形態で用いるイノヴェーション型軍隊に直面することになるかもしれない」と述べており、スリプチェンコの言う「非接触戦争」、あるいは

「第6世代戦争」への対処がこれらの演習の重点であったことがわかる。

その背景にあるのは、1999年のユーゴスラヴィア空爆や2003年のイラク戦争で西側が示した圧倒的なエア・パワーであった。もしNATOとの戦争に至った場合、ICTとPGMを駆使するハイテク軍事力によってロシアの産業、インフラ、軍事施設（特に核戦力と指揮通信統制システム）が破壊されるのではないかという懸念が、「ある鮮明な、ありうべき将来シナリオのイメージ」として国防コミュニティの中で広く共有されるようになったのである（Arbatov 2000）。

実際、イラク戦争後にロシア国防省が公表した『ロシア軍の発展に関する緊急課題』では、偵察・監視システムやICTと組み合わされた長距離PGMの集中的・奇襲的使用が新たな軍事的トレンドの一つに数えられ、戦略・拠点・戦場レベルの防空システムが決定的な役割を果たすであろうという見方が示された。

「スタビリノスチ2008」と「ザーパド2009」の訓練内容は、まさにこうした懸念を反映したものであった。別の言い方をすれば、政治の側がロシア軍を小規模紛争対処型へとシフトさせるべく改革を押し進める一方、当のロシア軍は依然としてNATOとの大規模紛争を念頭に置き続けていたことになる。結局、そこで変化したのは仮想敵ではなく、戦い方の想定（戦争の「特徴」）であった。

ただ、ロシア軍は、ＰＧＭによる「非接触戦争」の威力を決して過大評価しなかった。ナゴルノ・カラバフ紛争についても述べたとおり、地上部隊を打倒できるのは地上戦のみだからである。実際、スリプチェンコが本格的な「第６世代戦争」と評価するＮＡＴＯのユーゴスラヴィア空爆は純軍事的には限定的な効果しか及ぼさず、コソヴォからセルヴィア軍を撤退させるという戦略目標は戦争の最後まで達成できなかった（Arbatov 2000）。

決定的な勝利には地上軍の投入が必要であるという点は、前述の『ロシア軍の発展に関する緊急課題』でも強調されている。ＰＧＭは確かに絶大な威力を発揮するが、それは地上軍が持つ決定力に取って代わるものではないのであって、むしろ地上軍を重要局面まで温存するためにＰＧＭ対策が重要だというのが同文書の基本的なトーンである。

「非接触戦争」と地上部隊の関連に関しては、「ザーパド２００９」と並行して実施された「ラドガ２００９」演習が興味深い。スココフ陸軍参謀総長がロシア軍の機関紙『赤い星』に述べたところによると、同演習の仮想敵は強力な戦場監視手段によって「統一情報空間」を作り出し、ロシア軍部隊の配置を全て把握した上でミサイルや空襲、そして空挺部隊の降下による攻撃を仕掛けてくるハイテク化軍隊であり、ロシア軍と正面から戦うのではなく、むしろ迂回によって損害を避けながら電撃的な突破を図ることが想定されていた。

そこでロシア軍もまた、固定的な防衛線を敷くのではなく、新型旅団の機動力を生かして敵の攻撃地点に迅速に展開し、これを迎え撃つというのがスココフの説明であるが、要するにPGMでは地上部隊を潰しきれないというのが、ここで言わんとすることであろう。

スココフ陸軍参謀長の発言を伝える『赤い星』記者の物言いはさらに直截だ。彼によれば、航空戦だけで強力な敵との戦いに勝利を収めることは不可能であり、ある領域を解放または占領するためには、そこを「兵士のブーツが踏みつけ」なければならない、というのである。

✝ウィキリークスが暴いたロシアの核戦争訓練

だが、実際問題として、数の上では劣勢となったロシア軍が技術的にも優勢なNATOと正面切って戦うことは容易ではない。そこで1990年代以降のロシアで重視されてきたのが核兵器である。詳しくは第5章で述べるが、戦術核兵器を使用して通常戦力の劣勢を補ったり、決定的な敗北を避けるために限定的な核使用で戦闘の停止を強要するというのがその要諦だ。

ロシア国防省は詳しいことを公表していないが、このような核戦力重視路線は、大規模演習にも反映されていると見られる。例えば「スタビリノスチ２００８」演習では、空軍の戦略爆撃機による空中発射巡航ミサイル（ＡＬＣＭ）の発射訓練が行われたほか、大陸間弾道ミサイル（ＩＣＢＭ）を運用する戦略ロケット部隊（ＲＶＳＮ）が参加しているから、何らかの核使用訓練が実施された可能性はあるだろう。

また、ポーランドのニュースメディア『ウプロスト』が政府機関関係者から入手したメモに基づいて報じたところによると、「ザーパド２００９」ではポーランドに対する核攻撃訓練が実施された（*Wprost* 2009.10.31.）。その詳細は明らかでないが、核弾頭を搭載可能なミサイルの発射訓練に加えて、戦略爆撃機からも核攻撃訓練が実施されたという。

ＮＡＴＯも、「ザーパド２００９」ないし「ラドガ２００９」では戦術核兵器の使用訓練が行われたと見ていた。なぜそれがわかるかというと、ＮＡＴＯの最高意思決定機関である北大西洋理事会（ＮＡＣ）がロシアの大規模演習をテーマとして開催した会合の機密議事録がウィキリークスに暴露されたからである。この機密議事録によると、ＮＡＣの諮問を受けたＮＡＴＯ国際軍事参謀（ＩＭＳ）は、ロシアの軍事演習について次のように報告している。

・2009年8月10日から9月29日にかけて実施された「ラドガ」にはロシア軍人1万5000人が参加した。「ザーパド」は2009年9月8日から29日にかけて実施され、ベラルーシ軍人7000人とロシア軍人1万1000人が参加した。

・ロシアはこのシナリオを一連の演習として実施した。おそらくはウイーン文書で規定されたオブザーバー招請義務が生じる基準以下に兵力を留めるためと思われる。一連の演習は指揮センターを共有していたと評価されている。

・一連の演習には、攻勢的・防勢的な航空作戦、兵力の長距離展開、航空部隊との合同作戦、渡河、夜間実弾射撃、長距離航空作戦、上陸作戦、ミサイル発射が含まれた。ミサイル発射のうち一部は、戦術核兵器の使用をシミュレートしたものであった可能性がある。

・一連の演習では、ロシアが航空部隊との合同作戦を行う能力を限定的にしか有していないこと、老朽化・旧式化した装備に依然として依存していること、全天候作戦能力及び戦略輸送手段が不足していること、ネットワーク中心型戦闘を行えていないこと、将校団に柔軟性が欠け、人員が不足していることが明らかになった。

・NATO、IMSは、ロシア軍について以下のように結論する。ロシア軍は同国西部における小規模から中規模の局地紛争及び地域紛争に対処することができる。ロシア軍は異なる地理的エリアで同時に発生する2つの小規模紛争には対処できない。ロシア軍は大規模な通常作戦を遂行することができない。また、依然として戦術核兵器の使用に依存しており、これは局地紛争及び地域紛争においてもそうである。

ＩＭＳによるロシア軍評はなかなかに手厳しいが、ここまで本書で述べてきた各種の制約を考えれば、概ね的を射たものであると言えよう。２０００年代末までのロシア軍は、核兵器抜きに大規模戦争を戦うことができなかったのである。

対「カラー革命」演習？

ところで、前述の『ウプロスト』には核攻撃訓練以外にも興味深い内容がもう一つ含まれている。ベラルーシ国内のポーランド系住民が蜂起を起こしたという想定の下、これを鎮圧する訓練が「ザーパド２００９」では実施されたというのである。このような訓練が実施されたことは公式には明らかにされていないものの、同演習にはロシアとベラルーシの治安・特殊機関が多数参加しており、軍事作戦以外にも何らかの治安作戦訓練が行われた可能性は否定できない。

シンクタンク「オストロゴルスキー・センター」研究員のシャルヘイ・ボフダンは、このような見方はポーランド側の主張に引きずられ過ぎているとの反論を加えている。ボフダンによれば、ロシアとベラルーシの合同演習反乱鎮圧が想定されていると言っても、それは演習のごく一部に過ぎない上、主に想定されているのは中央アジアにおける不安定化の可能性である。したがって、ポーランドがベラルーシ国内におけるポーランド系住民の反乱鎮圧の可能性を強調するのは、軍や軍需産業が政府の予算削減圧力を躱《かわ》すための方便に過ぎないという（Bohdan 2014）。

しかし、標的がポーランド系住民であるかどうかは別として、次で述べる2010年代以降の演習では、外国によるロシアや同盟国内の情勢不安定化への懸念がより鮮明にシナリオに反映されるようになっていった。非軍事的闘争に関するロシアの軍事思想家たちの懸念と、これを強化した一連の出来事（旧ソ連諸国での「カラー革命」）のインパクトを考えると、この種の事態を軍事的手段で鎮圧するという考え方が2000年代末のこの時期から既に浮上していてもおかしくはない。

したがって、ここでは仮に次のように結論しておこう。

2000年代末のロシア軍では、セルジュコフ改革によって小規模紛争対処型軍事力へのシフトが進んでいることになっていたが、現実の演習動向は、ロシア軍が必ずしも政治の方針に従わなかったことを示している。確かにロシアは北カフカスや中央アジアでの対テロ戦争を想定した大規模演習を実施しており、これはセルジュコフ改革の方向性に沿うものであった。だが、ロシア軍はこれと同時に、二つの対NATO戦争——西側の「非接触戦争」に防空戦や地上作戦、そして核使用で対抗する大規模戦争と、西側によって扇動される「カラー革命」——を想定した演習を実施していたのである。

3 「新しい戦争」と総力戦

†ロシアから見た「アラブの春」

今度は2010年代前半のロシア軍大演習について見ていこう（表9）。

これらの演習では、「戦場における大規模な非合法武装勢力との戦闘」「占拠された都市の奪還」「石油施設の防衛」「テロ集団の侵入阻止」といった訓練メニューが並んでおり、2000年代末の「カフカス」演習や「ツェントル」演習との連続性が強い。例えば「ツェントル2011」当時の『赤い星』が仮想敵を「国家の政権掌握を目論む3500人規模の過激派・テロ組織」としていたことからも、ここで想定されていたのはかなり大規模な非国家主体を軍事力で殲滅する作戦であったことがわかる。さらにこれらの演習にはT

<table>
<tr><th colspan="7">2010年</th></tr>
<tr><th rowspan="2">演習名</th><th rowspan="2">目的</th><th rowspan="2">地理的範囲</th><th colspan="2">スコープ</th><th rowspan="2">付随する演習</th></tr>
<tr><th>兵力規模</th><th>指揮統制の複雑性</th></tr>
<tr><td>ヴォストーク2010</td><td>・新たな指揮系統、特に新型旅団の実証実験</td><td>シベリア軍管区、極東軍管区</td><td>・人員約2万人
・装備品約2500点
・航空機約70機
・艦船約30隻</td><td>・ロシア軍（陸海空軍、空挺部隊）
・FSB（国境警備隊）
・MVD（VV）
・MChS
・FSO
・FSIN</td><td>・空挺部隊の指揮・参謀部演習（南部軍管区）
・空軍の大規模指揮参謀部演習
・連携2010（CSTO合同対テロ演習）</td></tr>
<tr><th colspan="7">2011年</th></tr>
<tr><td>ツェントル2011</td><td>・CSTO合同部隊による中央アジアでの武力紛争対処
・部隊司令部の平時から有事への移行
・特殊作戦の立案および実施
・広大な地域における部隊の再配置</td><td>中央軍管区、カザフスタン、キルギスタン、タジキスタン</td><td>・人員約1万2000人
・固定翼機・ヘリコプター約50機
・装備品1000点以内
・艦船10隻以内</td><td>・ロシア軍（陸海空軍、空挺部隊）
・CSTO加盟国軍（カザフスタン、キルギスタン、タジキスタン）
・FSB（国境警備隊）
・MVD（VV）
・MChS
・FSIN</td><td>・同盟の盾2011（ベラルーシとの陸空軍演習）</td></tr>
<tr><th colspan="7">2012年</th></tr>
<tr><td>カフカス2012</td><td>・自動指揮システムによる指揮統制の改善
・PGM及び新型兵器の運用能力向上
・平坦な地形での作戦行動に関する指揮・参謀部の能力向上</td><td>南部軍管区</td><td>・人員約8000人
・装甲戦闘車両約200両
・火砲約100門
・艦船約10隻</td><td>・ロシア軍（陸海空軍、空挺部隊）
・FSB（国境警備隊）
・MVD（VV）
・MChS
・FSO</td><td>・連携2012（CSTO合同演習）
・境界2012（同上）
・スラブの友好2012（ベラルーシ軍、ウクライナ軍と合同）
・西部軍管区軍種間合同演習</td></tr>
</table>

表9　2010-2014年におけるロシア軍の大規模演習

出典：ロシア国防省発表、報道資料などを中心として筆者作成

2013年					
ザーパド2013	・過激派組織と武装組織によるベラルーシ領内への侵入とテロ行為の阻止	西部軍管区及びベラルーシ	・人員約2万2000人（ロシア軍約1万2000人、ベラルーシ軍約1万人） ・戦車約80両 ・固定翼機・ヘリコプター約90機 ・艦船約10隻	・ロシア軍（陸海空軍） ・FSB（特殊部隊） ・MVD（特殊部隊） ・運輸省 ・エネルギー省 ・連邦構成主体政府（スモレンスク、ニジェゴロド） ・CSTO加盟国軍（ベラルーシ）	・戦闘協力2013（CIS合同防空演習） ・不朽の絆2013（CSTO合同平和維持演習） ・連携2013（CSTO合同演習） ・北方艦隊大演習 ・予定外検閲（11回）
2014年					
ヴォストーク2014	・戦闘即応体制、遠隔地への兵力展開のためのインフラ、統合部隊の指揮統制能力のチェック	極東（東部軍管区）	・人員約10万人 ・戦車約1500両 ・航空機約120機 ・装備品約5000点 ・艦船約70隻	・ロシア軍（陸海空軍、空挺部隊） ・準軍事部隊（詳細不明） ・連邦構成主体政府（詳細不明）	・予定外検閲（17回） ・RVSN演習（バルナウル）

表9（続）　2010-2014年におけるロシア軍の大規模演習

出典：ロシア国防省発表、報道資料などを中心として筆者作成

u－95MS戦略爆撃機や戦術弾道ミサイルが投入されたことを考えれば、チェチェンやシリアでロシア軍が行ったような、猛烈な空爆で武装勢力を住民ごと「殲滅」することも想定に含まれていたと見るべきであろう。

また、「カフカス2012」当時のニコライ・マカロフ参謀総長は、中東や北アフリカでの情勢（当時発火しつつあった「アラブの春」が念頭に置かれている）を踏まえ、軍が治安維持のための警察的な任務を果たす可能性に備えねばならないとも述べているが、これはまさに4年後のシリア紛争で現実となったシナリオである。

一方で、「ツェントル2011」の

仮想敵はあくまでも非国家主体とされ、その背後に国家の関与を匂わせるような想定は見当たらない。「連携2012」「境界2012」「連携2013」に関するロシア国防省のプレスリリースからも、これらの演習が基本的には単独の非国家主体を念頭に置いたものであったことが読み取れる。

†総力戦の復活

これとは対照的なのが、2014年に東部軍管区で実施された「ヴォストーク2014」である。

演習はまず、東部軍管区を中心とする大規模な予定外検閲から始まった。焦点となったのは兵力の再配置訓練で、自走と鉄道輸送による地上部隊の展開、航空機を用いた空挺部隊の展開と東部軍管区域外からの人員・物資の輸送、輸送艦による海軍歩兵部隊の展開、最大4000㎞に及ぶ航空機の長距離展開などがロシア極東全域で実施された。

さらにこの予定外検閲では、国防省以外の省庁や地方政府が大規模に動員された。これ以前の大演習でも内務省の国内軍（VV）などが参加することは珍しくなかったが、「ヴォストーク2014」では社会・経済の戦時動員指揮と核シェルターの造営を担当する大統領特別プログラム総局（GUSP）を筆頭に、通信・マスコミ省、運輸省、印刷公社「ロスペチャーチ」、連邦通信局、連邦航空局、連邦道路局、連邦鉄道局、連邦河川交通局及びそれらの監督官庁並びにザバイカル地方、沿海地方、ハバロフスク地方、カムチャツカ地方、アルタイ州及びサハリン州当局が「戦時の課題解決に関する準備」のために動員された。

これらの諸機関が具体的にどのような活動を行ったのはほとんど明らかにされていないが、第二次世界大戦さながらの巨大戦争が想定されていたことだけは間違いないだろう。ロシア軍と合わせると、その動員数は人員16万2000人、自動車・装甲車両9000両以上、航空機及びヘリコプター600機以上、各種艦船84隻に及んだとされる。この中には演習のために招集された6500人の予備役も含まれていたというが、これもロシア軍が冷戦後に実施した演習としては最大規模の予備役動員訓練であった。

この予定外検閲とほぼ連続する形で開始された「ヴォストーク2014」も、やはり巨大なものであった。当初の国防省発表によると、動員されたのは人員10万人、戦車1500両、航空機120機、装備品5000点、艦艇70隻とされていたが、演習終了後のショイグ国防相発言では兵力15万5000人、装備品8000点（装甲車両4000両、航空機632機、艦船84隻）ということになっている。いずれにしても、ここでは「ヴォストーク2014」が（文字通り）桁外れの巨大演習であったこと、しかも大規模なだけでなく古典的な総力戦を念頭に置いたものであったことだけを押さえておけばよいだろう。

†巻き戻されるセルジュコフ改革とウクライナ危機の影

この点は、演習の想定と内容からも裏付けられる。

演習終了後に『赤い星』が明らかにしたところによると、「ヴォストーク2014」の仮想敵は、仮想国家「北方連邦」との間で島をめぐって領土問題を抱える極東の仮想国家「ハンコリヤ」であり、両者の軍事紛争にNATOで中心的な地位を占める仮想国家「ミズーリヤ」が介入してくるというシナリオであったという（Пинчук 2014）。

素直に読めば、「北方領土をめぐって日本との軍事紛争が発生し、そこに米軍が介入してくる」というシナリオであったことは明らかである。演習内容も、戦術弾道ミサイルの発射や大規模な戦車戦、上陸阻止、敵対潜部隊からの弾道ミサイル原潜（SSBN）の防衛、高速道路を用いた航空機の離発着（この種の訓練としては冷戦後のロシア領内で初めて実施されたもの）、対艦戦闘など、大規模な国家間戦争が念頭に置かれていた。他方で、テロ組織などの非国家主体を想定した訓練は実施された形跡がなく、行われていたとしてもごく周辺的なシナリオに留まったものと見られる。

ロシア軍がこれほどあからさまな総力戦演習を行った理由は、いくつか考えられよう。

その第一は、ロシア軍改革を押し進めたセルジュコフ国防相が2012年に汚職疑惑と愛人問題を同時に暴かれて失脚したことである。

「スタビリノスチ2008」及び「ザーパド2009」に関して述べたように、ロシア軍は小規模紛争対処という政治主導の目標を表面的には受け入れつつ、実際にはNATOの「第6世代戦争」に備えた演習を実施していた。しかし、セルジュコフが失脚したこと、その任命者であるプーチン大統領が軍の強い反発（セルジュコフのスキャンダル暴露は軍が仕組んだものと見られる）に驚いて軍改革への圧力を緩めたこと、セルジュコフの後任となったセルゲイ・ショイグ元非常事態相が軍指導部に対して融和的な姿勢を取ったことなどから、軍はもはや小規模紛争対処という「建前」を必要としなくなった。セルジュコフ失脚後のロシア軍において、一度は解体された師団編制が復活するなど、改革の「巻き戻し」の動きが顕著となったことも同様に理解できよう。

第二に、ウクライナ紛争の影響が指摘できる。「ヴォストーク2014」はロシアのウクライナ介入後に初めて実施された軍管区レベルの大演習であり、当然、そこには西側との軍事的対立の先鋭化が影響したと考えられる。その意味では、巨大演習の実施は西側に対する牽制という要素が含まれていたであろうし、軍内部でも、小規模紛争のみを念頭に置いた軍事態勢はもはや現実にそぐわないという声が強まった。また、ウクライナへの介入という国運を賭けた一大作戦を実施する以上、その主体となる軍の発言権と権威が大きく高まるのは当然の帰結である。

ここでは、演習を個々の情勢と結びつけるよりも、そこで獲得される「意図」に注目せよというノルベルグの主張を改めて思い返してみよう。「ヴォストーク2014」のシナリオは対日米戦争を示唆するものであり、実際にこのような想定はロシア軍参謀本部の意識の中に常に置かれているはずではあるが、これが全てであると見ることもまたできない。

つまり、この巨大演習を通じてロシア軍が実証・演練しようとした「能力」は大国同士が全力を投入して戦う総力戦（『ロシア連邦軍事ドクトリン』がいう「大規模戦争」、あるいはクラウゼヴィッツ的な国家間戦争）なのであり、それが西側との関係が悪化する最中に行われたのだとすれば、実際により強く意識されていたのはNATOだったのではないかということである。予定外検閲の開始に伴ってプーチン大統領が黒海のノヴォロシースクに開設されたロシア軍の新基地を訪れ、ここでショイグ国防相の報告を受けたことからしても、ロシア軍の「能力」は西方に向けられていたように思われる。

†「新しい戦争」

対NATO戦争という意味では、この時期にはもう一つの見過ごせない演習活動が行われている。2013年にベラルーシと合同で実施された西部軍管区大演習「ザーパド2013」と、その直後にロシアのチェリャビンスク州で実施されたCSTO合同平和維持演習「不朽の絆2013」がそれである。

前者は「過激派武装勢力」がベラルーシ国内の協力者による支援を得て同国に侵入し、テロ行為を目論むという想定で実施された。この意味では過去の対テロ戦争演習と同様であり、軍だけなく内務省の国内軍やFSBの特殊部隊及び国境警備隊が参加する点でも共通性が見られる。

特に印象的なのは、演習に動員された兵力は概ね「ザーパド2009」と同様であるにもかかわらず、戦車が80両と3分の1ほどに減少し、戦略爆撃機による巡航ミサイル攻撃や戦術弾道ミサイルの発射訓練も実施されなかったことである。大規模な火力を持たない軽武装ゲリラ勢力との戦闘が想定されていたことが、ここからは読み取れよう。実際、公表された情報を見る限りでは、訓練の大部分は森林地帯における掃討作戦に費やされたようである。仮想敵全体の規模は明らかでないが、ベラルーシ国内については約2000人の非合法武装勢力との戦闘が想定されていたと伝えられる。

しかし、ベラルーシのように権威主義的ではあるが比較的安定した国家に2000人もの非合法武装勢力が大挙して侵入してくる事態とは、具体的にいかなるものなのだろうか。

それとも、これはやはり「能力」のみに重点を置いた訓練であって、ベラルーシをめぐる紛争の「雛形」とは見なせないのだろうか。

この点については、続いて実施された「不朽の絆2013」が重要な示唆を与えている。同演習は、CSTO合同部隊の人員約4000人（参加国はアルメニア、ベラルーシ、カザフスタン、ロシア、タジキスタン）を動員したもので、公式には平和維持演習であるとされている。だが、ロシア政府の国営紙『ロシア新聞』が報じたところによると、「不朽の絆2013」における想定は、仮想国家「ウラリア共和国」（演習が実施されたチェリャビンスク州の属するウラル地方から取られている）が「強力な軍事・政治的同盟」を背後に持つ反政府勢力により、「エネルギー資源のコントロール」を目的とした攻撃を受けるというものであったという（Богданов 2013）。

つまり戦闘自体はゲリラ勢力との間で行われるが、当該勢力は外国が地政学的な目標を達成するための「手先（プロキシ）」と位置付けられていたことになる。

また、ノルベルグは、「ザーパド2013」及び「不朽の絆2013」に付随して行われた海軍の大規模な演習に注目している。両演習の実施期間にほぼ重なる時期に、ロシア海軍北方艦隊はSSBNを含めた大規模な海上演習を実施し、その後、予定外検閲の枠内では、北方艦隊と太平洋艦隊のSSBNによる潜水艦発射弾道ミサイル（SLBM）の発射訓練が実施された。ノルベルグはこれを、ロシア西部における小規模紛争（非合法武装勢力に対する対テロ戦争や「平和維持作戦」）がその背後にいる大国との戦争へとエスカレーションするという想定に基づくものであったと見る（Norberg 2015）。

ちなみにNATO年次報告書の2015年度版には、ロシアはこれに先立つ3年間に実施された大規模演習において複数のNATO加盟国やそのパートナー国に対する核攻撃訓練を実施したという記述がある（NATO 2016）。「ザーパド2013」はその一つであり、この過程では中立国であるはずのスウェーデンが核攻撃訓練の標的になったという。一方、米国科学者連合の核軍備管理専門家ハンス・クリステンセンは、これらがポーランド及びバルト三国の軍事施設に対する核兵器を用いた反撃であったと見ている（Kristensen and Norris 2016）。

4　国家に支援された非国家勢力との戦い

†ミサイルを駆使する「テロリスト」？

最後に、2010年代前半に浮上してきた傾向が、ウクライナ危機後の2010年代後半から2020年代初頭の現在までの軍事演習にどのように反映されているのかを見ていこう。

まずはこれまでと同様、対テロ戦争を取り上げる。この時期に実施された「ツェントル2015」や「ツェントル2019」においても、直接の交戦相手が非国家主体とされている点では、それ以前の対テロ戦争演習との連続性が見られ、これを殲滅するための兵力の長距離機動や機動性の高い小規模グループによる作戦行動などが重視される傾向も同様である。

しかし、「ツェントル2019」の仮想敵は非国家主体に限定されていなかった。同演習開始直前の9月12日にフォミン国防次官が実施した外国武官団向けブリーフィングによると、同演習の想定はロシア南西部の仮想国家が国際イスラム・テロ組織と思想的に共鳴し、ロシアの近隣国にゲリラ部隊を浸透させると同時に、正規軍を用いてこれを支援するというものであったという。

つまり、強力な軍事力を持つ国家の支援を受けたテロ組織との戦いが演習の主眼であるということであり、この点は、演習に先立ってロシア国防省が行った公式発表において「航空攻撃手段の撃退」が訓練内容に含まれていることからも明らかであろう。

その一部は非国家主体によるドローン攻撃を意識したものであったようだが、ロシア軍はこれ以外にもS－300、S－400などの広域防空システムによる巡航ミサイル及び弾道ミサイルの迎撃訓練、放射能・化学・生物防護（RKhBZ）部隊が放出するエアロゾルによる精密誘導兵器・レーザー誘導兵器の照準妨害訓練を実施したとされている。「ツェントル2011」や「ツェントル2015」におけるVKSの任務が主に航空機からの対地支援であったこととは対照的だ。このほかにも、「ツェントル2019」では敵の空挺降下や海岸への着上陸の阻止など、国家以外ではありえない仮想敵の行動が想定されている。

†「北方連邦」VS「西方連合」

国家の支援を受けた非国家主体との戦いという想定は、「ツェントル2019」に限らず、2010年代後半以降のロシア軍大演習で幅広く観察されるものである。例えば「カフカス2016」において、「非合法武装組織に対する空中補給ルートの遮断」や「非合法武装組織を支援する航空攻撃の撃退」「あらゆる段階における全タイプの巡航ミサイルへの対抗」などが訓練内容に含まれていたことがそれに当たる。

これに続く「ザーパド2017」では、「過激主義グループがベラルーシ共和国の領域及びロシア連邦のカリーニングラード州に侵入し、テロ活動及び連合国家の情勢不安定化を図ろうとした。過激主義者らは外部の支援を受けており、物資援助、武器、軍用装備を海と空から受け取っている」という想定の下で、ロシア軍とベラルーシ軍が地域合同部隊（RGS）を編成してこれを撃退する訓練が実施された。

ロシア国防省はこれ以上詳しいことを述べていないが、ベラルーシのオレグ・ベロコネフ参謀総長が演習終了後に行ったブリーフィングでは、もう少し突っ込んだ想定が明らかにされた。ベロコネフ参謀総長によると、「ザーパド2017」では過激主義グループの背後に有力な国家グループが存在することが想定されていたという。

すなわち、ベラルーシ北西部あたりに位置するとされる仮想国家「ヴェイシュノリヤ」、概ねリトアニアに相当する地域を占める「ヴェイスバリヤ」、そしてポーランド北東部あたりにある「ルベニヤ」である。これら参加国は「西方連合」という同盟を構成すると想定されており、つまりはNATOを指していることは明らかであろう。一方、ロシアとベラルーシは「北方連邦」という単一の連邦国家を構成することになっていた。

当初、「北方連邦」軍はこれらの武装勢力を攻撃するとともに敵の後方インフラを破壊することで侵入の阻止を図ったが、敵は予想よりも強力な装備を有していたことから、大規模な戦車部隊（表10に示すとおり、「ザーパド2017」には過去の西部軍管区大演習で最大規模の戦車部隊が動員されている）を投入することを余儀なくされた。さらに「西方連合」は航空兵力と海上兵力による支援を展開したため、「北方連邦」軍は防空戦、海上戦、対潜戦を実施してこれらを撃退し、巡航ミサイル、ドローン、航空機による攻撃を受ける中で過激主義グループの殲滅作戦を実施した――これがベロコネフの描く「ザーパド2017」の全体像である。

これらの演習で演練された「能力」からは、非国家主体に対する戦いと国家主体に対するそれの境界線が、非常に曖昧になっていることが読み取れよう。相手がイスラム過激派であるにせよ、ベラルーシの政権転覆を目論む反政府分子であるにせよ、これらの非国家主体は一様に大国のプロキシとみなされている点では共通する。そして、それゆえに戦闘は非常に激しく、しかも海や空での戦いを含めた非常に大規模なものに発展すると想定されるのである。このような想定は、大演習に付随して実施される「同盟の盾」や「スラブの絆」「連携」でも確認することができる。

本書の執筆時点で最新のロシア軍大演習である「カフカス2020」では、参加国が非常に多岐にわたったこともあって演習の詳細な想定が公表されていないが、非国家主体との戦いと並行して大規模な防空戦訓練や航空・ミサイル攻撃訓練が実施されていることを考えると、ロシア軍内部ではおそらく似たような状況が想定されていたのではないだろうか。

演習名	目的	地理的範囲	スコープ		付随する演習
			兵力規模	指揮統制の複雑性	
2015年					
ツェントル2015	・国際武力紛争の局限化及び非合法武装勢力の包囲及び殲滅を目的とする特殊作戦 ・共同で特殊作戦を計画、準備及び実施するためのアルゴリズムの策定	中央軍管区	・人員約9万5000人 ・軍用装備約7000点 ・航空機約170機 ・艦艇約20隻	・ロシア軍(陸海空軍、空挺部隊) ・MVD ・MChS ・FSB ・FSO ・FSKN ・その他の連邦省庁(保健省、農業省、産業貿易省、連邦医学・生物学局、連邦漁業局、連邦国家備蓄局) ・連邦構成主体政府(バシコルトスタン、ノヴォシビルスク、サマラ、チェリャビンスク) ・CSTO加盟国軍(カザフスタン)	・予定外検閲(中央軍管区) ・同盟の盾2015(ベラルーシ軍と合同) ・連携2015(CSTO合同演習) ・スラブの絆2015(ベラルーシ軍、セルビア軍と合同)
2016年					
カフカス2016	・領域的一体性と利益を擁護するためのロシア南西地域における部隊集団の訓練・運用 ・国内武力紛争の局地化及び非合法武装組織殲滅	南部軍管区	・人員約12万5000人(軍人)+9万7000人(文民) ・戦闘機材400点(戦車90両、艦艇15隻含む) ・航空機、ヘリコプター60機	・ロシア軍(陸海空軍、空挺部隊)	・予定外検閲(南部軍管区) ・予定外検閲(南部軍管区、西部軍管区、中央軍管区、北方艦隊、VKS総司令部、VDV司令部) ・スラブの絆2016(ベラルーシ軍、セルビア軍と合同) ・ロシア・ベラルーシ合同演習(特殊作戦部隊)

表10　2015-2020年におけるロシア軍の大規模演習
出典：ロシア国防省発表、報道資料などを中心として筆者作成

2017年					
ザーパド2017	・非合法武装勢力に対する空からの補給の遮断 ・非合法武装勢力殲滅と情勢安定化のための特殊作戦 ・非合法武装勢力の逃亡を阻止するためのバルト海の封鎖	西部軍管区及びベラルーシ	・人員約1万2700人（ロシア軍約5500人、ベラルーシ軍7200人） ・戦闘装備約680点（戦車250両、火砲・ロケット砲・迫撃砲など約200門を含む） ・固定翼機及びヘリコプター約70機 ・艦艇10隻	・ロシア軍（陸海空軍、空挺部隊） ・国家親衛軍 ・FSB（詳細不明） ・MChS ・ベラルーシ軍	・西部・南部・東部軍管区での大演習 ・戦略核部隊大演習 ・スラブの絆2017（ベラルーシ軍、セルビア軍と合同） ・戦いの絆2017（CSTO合同演習）
2018年					
ヴォストーク2018	・部隊の作戦遂行能力の検証	東部軍管区及び中央軍管区	・人員29万7000人 ・装甲車両約3万6000両 ・固定翼機・ヘリコプター約1000機 ・艦艇約80隻	・ロシア軍（陸海空軍、空挺部隊） ・中国軍 ・モンゴル軍	・予定外検閲（北方艦隊、中央軍管区、東部軍管区） ・戦いの絆2018（CSTO合同演習）
2019年					
ツェントル2019	・軍種間部隊集団の指揮に関する司令部要員の準備水準の確認 ・中央アジア地域における平和維持、国益の保護、安全保障に関する共通の課題解決に際しての統一性と連携レベルの向上 ・国益の保護に関するロシア連邦軍と中央アジア諸国の準備態勢のデモンストレーション	中央軍管区及びカザフスタン、キルギス、タジキスタン	・人員約12万8000人 ・武器及び軍用装備2万点以上 ・固定翼機・ヘリコプター約600機 ・艦船15隻以下	・ロシア軍（陸海空軍、空挺部隊） ・CSTO加盟国軍（カザフスタン、キルギスタン、タジキスタン、ウズベキスタン） ・中国軍 ・インド軍 ・パキスタン軍	・グロム2019（戦略核部隊大演習） ・同盟の盾2019（ベラルーシ軍と合同） ・連携2019（CSTO合同演習）

2020年					
カフカス2020	・巡航ミサイル及び無人航空機（UAV）対策 ・敵の戦闘序列が全縦深にわたって展開する火力・電磁波干渉手段 ・戦術エアボーン戦力による包囲 ・戦闘活動形態の迅速な転換 ・昼夜を問わない総合的かつ動的な状況の作出 ・主力から離れての自律的な戦闘行動 ・敵戦線後方における襲撃、包囲、迂回	南部軍管区	・人員1万2900人以下（地上兵力のみ。その他の兵力含めて8万人） ・戦車250両 ・歩兵戦闘車・装甲兵員輸送車450両 ・火砲・多連装ロケット200両	・ロシア軍（陸海空軍、空挺部隊） ・CSTO加盟国軍（アルメニア軍、ベラルーシ軍） ・中国軍 ・パキスタン軍 ・イラン軍 ・ミャンマー軍	・予定外検閲（西部軍管区、南部軍管区） ・グロム2020（戦略核部隊大演習） ・太平洋艦隊大演習(SSBN) ・スラブの絆2020（ベラルーシ軍と合同）

表10（続）　2015-2020年におけるロシア軍の大規模演習

出典：ロシア国防省発表、報道資料などを中心として筆者作成

「偶然の一致」――大演習に続く核戦争演習

ただ、一連の大演習が究極的には大国との戦争を想定している以上、そこには常に核使用を含めた大規模戦争へのエスカレーションの可能性が存在する。つまり、非国家主体を殲滅しても戦争はそこで終わらず、今度は後ろ盾である大国が直接介入に乗り出してくることを考慮せねばならないということだ。ドンバス紛争が実際にこのような経緯をたどったことを考えれば、当事者であったロシア軍はこのようなシナリオをより痛切に感じていることだろう。

したがって、軍管区レベルの大規模演習に続いて核戦争を想定した訓練が実施されるというパターンは、２０１０年代後半に入ってからも繰り返された。通常、この種の核戦争訓練は軍

管区レベルの大規模演習が終了してから少し間を空け、無関係の演習であるという体裁で実施されるが、2017年には、両者がほぼ連続して実施された。

「ザーパド2017」と入れ替わるようにして、今度は航空宇宙軍（VKS）の戦略爆撃機による空中発射巡航ミサイル（ALCM）の発射訓練と戦略ロケット軍（RVSN）による大陸間弾道ミサイル（ICBM）の発射訓練が相次いで実施されたのである。著名軍事評論家パーヴェル・フェルゲンハウエルは、これらの発射訓練が偶然にも「ザーパド2017」の最終日に行われたことに注目し、事実上は両者が一体のものであったと示唆している（Фельгенгауэр 2017）。

しかも、ロシア軍の核戦争訓練はこれで終わりではなかった。9月末から10月半ばにかけて、膨大な数のICBM部隊や戦略爆撃機を動員した展開訓練と実弾発射訓練が繰り返されたのである。その総仕上げとなったのが10月24日に実施された「核の三本柱」を総動員しての実弾発射訓練であった。ICBM1発、SLBM3発、ALCM多数の発射を伴う非常に大規模なもので、ソ連崩壊後にロシア軍が実施したものとしては最大規模の核戦争演習とされている。ロシア大統領府のペスコフ報道官によると、この演習はプーチン大統領の直接指揮の下で実施され、4発の弾道ミサイルの発射命令は全て大統領が自ら発したという。

†史上最大規模の「マニョーブル」

一方、2018年に東部軍管区で実施された「ヴォストーク2018」演習は、それ以前の「ヴォストーク2014」と同様、古典的な大国間の総力戦を想定したものであった。もっとも注目されるのはその動員兵力で、実に29万7000人にも及んだという。ロシア軍の実勢は90万人程度であると考えられているから、事実ならば総兵力の約3分の1を動員した計算だ。

「ヴォストーク2018」の特異性はまだある。演習場では「指標部隊」だけが行動し、重点は司令部内での作戦立案や指揮に置かれる指揮・参謀部演習ではなく、大規模な部隊同士が実戦さながらの訓練を繰り広げる対抗演習（マニョーブル）という形式が採用されたのである。

より具体的には、ロシアが東西に国家分裂を起こしたという想定の下、東部軍管区と中央軍管区がそれぞれ「東軍」と「西軍」になって戦うというのが「ヴォストーク2018」の基本シナリオであった。従来の軍管区レベル大演習においても複数の軍管区が関与することは珍しくなかったが、2つの軍管区が丸ごと動員されて戦う演習はおそらくこれが初めてであったのではないかと思われる。

当然、そこで想定されていたのは、「ヴォストーク2014」と同様の総力戦であろう。「ヴォストーク2018」に先立って実施された兵站演習には、各種の連邦政府機関、民間企業、連邦備蓄庁（有事に備えて戦略物資の備蓄を担当する官庁）、輸送機関その他が参加したとされるほか、民間人予備役の動員や保管されていた予備の戦車を現役復帰させる訓練が実施されたというから、まさに根こそぎの動員が想定されていたはずである。予備役動員体制を放棄し、小規模紛争対処のために全軍を常時即応化しようとしたセルジュコフ改革の開始からちょうど10年後にこの演習が行われたことは、どことなく皮肉な感じがしないでもない。

ちなみに、ロシア軍が最後に戦略レベルの対抗演習を行なったのは2009年の「オセニ2009」であったというが、ショイグ国防相は、今後は5年に1度のサイクルで定期的に対抗演習を実施する方針を示している。

†4つの戦争モデル

ここで、2000年代末から2020年までのロシア軍大演習を簡単に総括してみよう。ごく単純化して述べるならば、これらの大規模演習で想定されていた戦争は4つに類型化できる。すなわち、①「カフカス」や「ツェントル」に見られるイスラム過激派との対テロ戦争、②PGMを駆使するハイテク化軍隊との「第6世代戦争」、③これを想定の一部に含みつつもより古典的な大規模戦争を想定した総力戦、そして④大国に操られたプロキシとの「新しい戦争」である。これを紛争の仮想敵と烈度に基づいて整理すると、図2のようになる。

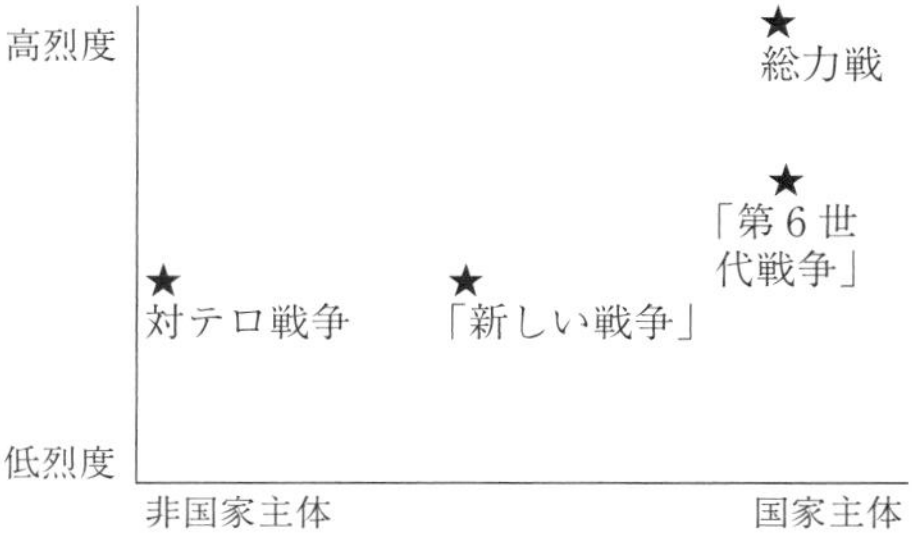

図2　仮想敵と烈度で見た戦争モデル
出典：筆者作成

これら4つの類型は2010年代前半にはほぼ出揃っていたが、2010年代後半には、類型間の境界が次第に不明瞭になっていった。対テロ戦争や「新しい」戦争が究極的には大国との闘争として想定されている以上、これは当然の帰結と言えるだろう。個々の戦闘局面は非国家主体との低烈度戦闘であったり、PGMに対する防空戦であったり、大戦車部隊同士の機甲戦といった形を取るとしても、どの戦争も『ロシア連邦軍事ドクトリン』のいう大規模戦争へと収斂していったのである。

ノルベルグのアプローチを三度《みたび》想起するならば、個々の演習における具体的な想定は様々であるとしても、追求されている「能力」の最上位に位置しているのは全面核戦争を含めた大規模戦争の遂行能力であり、この点は「ザーパド2017」「ヴォストーク2018」「ツェントル2019」に特に顕著に見られる。

同時に、それぞれの大規模演習には、実施地域によってある程度の文脈のようなものがある。ユーラシア大陸の東西ほぼ全域にわたる国土を有するがゆえに、ロシアが直面する脅威は多様であり、実際に生起しうる紛争の形態は無数に想定される。こうした事態に真っ先に直面するのは現地に配備された個々の部隊であって、これを指揮するのは5つの軍管区／OSKであるから、演習の内容にも地域的な特色が加味されるのは当然であろう。

ただ、この点も絶対視されるべきではない。例えば東部軍管区での「ヴォストーク」演習が総力戦を想定しているからといって、その仮想敵が中国人民解放軍であるとは限らないということである。確かに人民解放軍は日米同盟と並ぶ東部軍管区の仮想敵ではあるだろうが、これはロシアの他地域において総力戦が意図されていないとか、中国との総力戦の蓋然性が最も高いと見なされているという証拠にはならない。むしろ、現在のロシア軍は依然としてあらゆる規模の戦争に備え続けているというのがロシア軍大演習の分析を通じた筆者の結論である。

5　演習をめぐるポリティクス

†演習規模をめぐる狂騒曲

演習の政治的側面についても簡単に触れておきたい。

その第1は、演習の規模をめぐるものだ。2010年代後半に入ってロシア軍大演習は巨大化の傾向を示し始めたが、この中にあっても、西部軍管区における「ザーパド」だけはそれ以前とほぼ同等の規模で実施されている。これは西側を刺激しないようにしているというよりも、欧州における軍事力配備の透明性を図るために締結された「信頼・安全保障情勢措置に関するウィーン文書」（通称「ウィーン文書」）の規定に配慮したものであろう。同文書の第47条第4項は、欧州地域で実施される演習の参加兵力（地上兵力）が1万3000人を超える場合などについて全締約国からオブザーバーを招請する義務を演習実施国に課している。

したがって、ロシア側が言わんとするのは、「ザーパド」の動員兵力はこの基準以下だからオブザーバー招請の義務はない（ただし9000人以上を動員する演習について事前通告の義務はある）ということである。また、その他の地域で実施される大規模演習についても、ロシア西部地域では常に文書の基準以下の兵力しか動員していないとロシア側は常々主張してきた。例えば「ツェントル2019」の場合、欧州部にカウントされる地域での演習兵力は「1万2950人以下」とされ、残りはウラル東部及び中央アジアで演習を行うので制限外なのだ、といった具合である。

だが、西側はロシア側の自己申告に対して常々懐疑的であった。「ラドガ2009」及び「ザーパド2009」に関するNACの議事録でも指摘されているとおり、実際は大規模な演習をいくつかに分割して小さく見せかけているのではないかということである。同じような疑いの視線は「ザーパド2013」及び「ザーパド2017」に対しても向けられてきた。例えば「ザーパド2017」終了後の大規模核戦争訓練や、その前に実施された軍管区レベルの予定外検閲なども実際には「ザーパド2017」を構成する要素であったとすれば、とても1万3000人以内などには収まらないだろう。

「ザーパド2017」の実際の動員兵力については、NATOのホッジス欧州連合軍最高司令官が4万人程度と評価しているほか、米CNAコーポレーションのロシア軍事専門家であるゴレンブルグは6〜7万人、英統合軍研究所（RUSI）のスチャーギンは6万5000〜7万人という数字を挙げている。「ウィーン文書」の制限対象外となる海空軍部隊や準軍事組織まで含めれば、全体の動員数は10万人前後というところではないだろうか。

一方、「ザーパド2017」に先立って、「ロシアが演習の名目で戦争準備を進めているのではないか」「演習のどさくさに紛れてロシアがハイブリッド戦争を仕掛けてくる」「いや、そう見せかけてベラルーシを占領してしまうのでは」といった憶測が西側のメディアでしきりに乱れ飛んだことも指摘しておきたい。NATOのストルテンベルグ事務総長が「ロシア軍の演習には透明性の問題があるが、差し迫った脅威というわけではない」と2017年7月の段階で述べたのは、メディアのセンセーショナリズムに対する牽制という側面があったものと考えられる（あまり効果を発揮した様子はなかったようだが）。

しかも、ロシア軍の大演習に対する不安に「乗った」のはメディアばかりではなかった。リトアニアでは、「ザーパド2017」の舞台となったロシアの飛び地カリーニングラードとの国境に高さ2メートルのフェンスが築かれ、ウクライナでは演習の期間中、ウクライナ軍を戦闘準備態勢に就けることを提案する議員まで現れたという。いくら何でもあまりにもヒステリックな対応と言わざるを得まい。

†極東演習と日本

一方、極東での「ヴォストーク2018」をめぐっては、これと真逆の議論が見られた。

ロシア軍の公式発表はかなり水増しされているはずだというのである。

このような懐疑論は15万5000人を動員したとされる「ヴォストーク2014」に関しても見られたものだが、「ヴォストーク2018」が総兵力の3分の1に相当する29万7000人を動員したとなるとその疑わしさはさらに増す。軍事評論家のゴリツが指摘するように、これほどの大兵力を行動させれば極東の鉄道その他の交通インフラを数週間にわたって閉鎖しなければならないはずだが、演習実施期間中、極東の市民生活は全く平常通りであった。この点から考えて、ゴリツは実際の演習動員兵力はせいぜい3～4万人であっただろうと見積もっている。

「ヴォストーク2018」については、その実施地域に関しても議論があった。当時、ゲラシモフ参謀総長は、「ヴォストーク2018」では東部軍管区内の諸兵科演習場（地上部隊用）5カ所、地上・航空演習場（射爆場）4カ所、海上演習場4カ所が使用されると述べる一方、クリル諸島（千島列島に加え、日露の係争地域である北方領土を含む）では演習を実施しないと明言していた。ロシアのショイグ国防相は、演習終了後の10月に訪露した日本の河野《かわの》克俊《かつとし》統合幕僚長（当時）に対し、これが日本に配慮した措置であると述べている。

ただ、これらの発言は額面通りには受け取れない。「ヴォストーク2018」の本番に先立って8月20日から25日にかけて実施された準備演習では、前述の諸兵科演習場5カ所に加えてヴィキンスキー演習場（沿海地方）とラグンノエ演習場（国後島《くなしり》）が使用されたと報じられているためである。その後、8月30日から9月2日にかけて、択捉《えとろふ》島沖合に「ミサイル発射訓練」を理由とする航行警報が発令されたことからしても、「ヴォストーク２０１８」に先立って北方領土で活発な軍事演習が実施されたことは間違いない。

また、これに先立つ8月初頭には、択捉島のヤースヌイ空港（２０１８年1月から軍民共用となった）にＳｕ－35S戦闘機が配備されたことがサハリン州の地元紙『サハリン・インフォ』によって報じられている。さらに衛星画像サービスで確認してみると、択捉島のブレヴェストニク飛行場には同じ時期に2機のＳｕ－25攻撃機が展開していることが判明した。大演習を前に、北方領土での兵力増強が進んでいたことがうかがわれる。

また、同じ衛星画像サービスを用いて「ヴォストーク２０１８」期間中の北方領土を「偵察」してみると、択捉島中部のヤンケ沼南部にある演習場に多数のテントや装甲車両の存在を確認することができる。演習の前後には空であった場所だ。国後島のラグンノエ駐屯地（国後島駐留ロシア軍の主要駐屯地であり、前述のラグンノエ演習場に隣接している）でも車両置き場から多数の装甲車両が姿を消しており、やはり野外展開が行われた可能性が高い。さらにこの期間中には択捉島沖合に再び「ミサイル発射訓練」による航行警報が発令されている。以上を総合するに、「ヴォストーク２０１８」と銘打たれてはいないにしても、同演習に合わせて何らかの軍事活動が実施されたことは明らかであろう。

†及び腰の日本政府

ただ、こうした動きに対する日本政府の反応は鈍かった。択捉島への戦闘機配備や同島沖合でのミサイル発射訓練に対しては外交ルートを通じた抗議を行なったものの、北方領土での「ヴォストーク２０１８」の実施については沈黙を貫いたのである。「北方領土では演習を実施しない」とするロシア政府の公式発表に配慮したものと見られる。

当時、安倍晋三政権の念頭にあったのは、プーチン大統領が言い出した「いかなる前提条件もなしで年内に平和条約を結ぼう」という爆弾提案であっただろう。２０１８年９月にウラジオストクで開催された「東方経済フォーラム」の全体会合で突然持ち出されたこの提案に対し、安倍首相（当時）は即座に反応することは避けたものの、その直後から政権の姿勢には微妙な変化が見られた。プーチン大統領による発言があった翌日の9月13日、菅官房長官（当時）は「日ロ関係の発展を加速させたいとの強い気持ちの表れではないか」と述べ、安倍首相自身も、「平和条約締結への意欲の表れだと捉えている」として、プーチン発言に対してにわかに好意的な姿勢を示し始めたのである。

そして同年11月にシンガポールで行われた日露首脳会談の後、安倍首相は「日ソ共同宣言を基礎として平和条約交渉を加速させることでプーチン大統領と合意した」ことを明らかにした。この発言は、平和条約の締結前に四島の帰属問題を解決するとした1993年の東京宣言（プーチン大統領の言う「前提条件」）にこだわらず、日ソ共同宣言で規定された歯舞《はぼまい》群島と色丹《しこたん》島の引き渡しで領土交渉を妥結しようという意図の表れであったと考えられている。

おそらく日本政府は情報収集衛星（IGS）やロシア政府からの航行警報に基づいて、「ヴォストーク2018」が北方領土でも実施されていたことを摑んでいたはずである。にもかかわらず目立った抗議を行わなかったのは、2016年12月の長門《ながと》会談で頓挫した北方領土交渉に新たな契機をもたらせるのではないかという期待が存在したからであろう。

これについては、筆者には個人的な経験がある。「ヴォストーク2018」の終了から少し後、防衛省職員の訪問を受けた際のことだ。『防衛白書』の編纂に携わっているという職員たちの会話の中で、筆者は、「ヴォストーク2018」が北方領土で実施されたことを防衛省はどう評価するのかと質問してみたが、返ってきた答えは「北方領土では実施されなかった」というものであった。以上で述べたような根拠を示してみせても（この時、筆者は手元のMacBookに衛星画像を映し出してさえみせた）、「これらの活動には「ヴォストーク」という名前がついておらず、そうである以上は別個の訓練活動だ」というばかりで、まるで禅問答であった。

防衛省としては、政権が北方領土交渉の仕切り直しに動く中、勝手なことを言うわけにはいかなかったのだろうが、一国民としては納得し難い感情を持ったことも事実である。ちなみに、その翌年に公表された令和元年度版『防衛白書』は、「ヴォストーク2018」の実施地域に北方領土が含まれていた可能性に関しては一切触れていない。

これ以降、『防衛白書』編纂委員が筆者のもとを訪れることはなかった。

†中露合同演習の虚実

「ヴォストーク2018」に関してもう一つ特筆すべきは、ここに中国の人民解放軍が参加したことであろう。中国はこれに続く「ツェントル2019」及び「カフカス2020」にも部隊を派遣しており、2021年に予定されている「ザーパド2021」にも参加するとなれば、ついに欧州正面でも中露合同演習が行われるということになる。

中露は2005年以降、上海協力機構の枠組みで「平和の使命」演習をほぼ定期的に実施しているほか、2012年からは合同海上演習「海上連携」を実施してきたが、軍管区レベルの大演習に人民解放軍が参加するようになったのは2018年以降のことである。

また、中露は2019年7月に日本海から東シナ海上空にかけての空域で爆撃機による合同パトロール飛行を実施し、2020年12月にはその第2回が実施された。

米国との対立を深める中露が、軍事面での協力を強化するのはある意味では当然ともいえるが、一枚岩の軍事同盟になることもまた考えにくい。ロシアが米国と対峙している正面が主として欧州と中東であるのに対し、中国のそれは台湾海峡から南シナ海を経て西太平洋及びインド洋へと至る領域であり、両者の地理的な関心領域はほとんど重なるところがないためである。

カーネギー財団モスクワ・センター所長のトレーニンが述べる通り、無関係な地域での軍事紛争に巻き込まれることへの懸念を考えれば、両者の関係は相互防衛義務を含まない「協商《アンタンテ》」として発展していくと見た方がよいだろう（Trenin 2019）。

ロシア軍の大演習における人民解放軍の参加範囲が極めて限られていることも見過ごされるべきではないだろう。「ヴォストーク2018」について言えば、モンゴル軍とともに派遣されてきた約3500人の人民解放軍の参加範囲はバイカル湖の東側に位置するツゴル演習場に限られており、これ以外の演習は全て従来通り、ロシア軍の単独演習であった。純軍事的に言えば、中露が同盟国として振る舞ったのはツゴル演習場の中においてのみであったことになる。

そして、こうした傾向はこれ以降の「ツェントル2019」や「カフカス2020」においても変化していない。「ザーパド２０２１」で中露の部隊が全面的な共同作戦を実施するのでもない限り、人民解放軍の派遣は中露の軍事的接近をアピールする政治的メッセージと見たほうがよい。つまり、「参加することに意味がある」ということだ。

第５章
「弱い」ロシアの大規模戦争戦略

Tu-95MS戦略爆撃機。ロシアは爆撃機による巡航ミサイル攻撃を「エスカレーション抑止」の手段と位置付けている。（著者撮影）

「いかなる条件の下でも、我々は戦略的抑止力を諦めるべきではありません。それは強化されねばならないのです」

ウラジーミル・プーチン（ロシア連邦首相・当時）

1　劣勢下での戦い方

†大陸国家ロシアの宿命

　前章で見たように、ロシア軍の大演習においては、直接の交戦相手が国家主体であるか否かにかかわらず、あらゆる軍事紛争が最終的には西側との大規模戦争に収斂していくという想定が次第に顕著になりつつある。

　だが、現在のロシア軍が大国との大規模戦争に直面した場合、兵力規模の小ささやハイテク化の立ち遅れにより、個々の戦闘局面では劣勢に立たされる可能性が非常に高い。

　これに関して近年、注目されているのが、「接近阻止・領域拒否（A2／AD：Anti-Access/Area Denial）」という概念である。長射程の防空システムや地対艦ミサイル、航空機、水上艦艇、潜水艦、機雷、電波妨害などを組み合わせることにより、優勢な仮想敵が戦域に接近するのを阻止したり、戦域内での行動の自由を制約しようというものであり、はじめは西太平洋における中国の軍事戦略として米国で注目されるようになった。戦前の日本海軍が構想していた漸減邀撃《ざんげんようげき》戦略も、基本的なコンセプトはこれに近いと考えてよいだろう。どちらも、優勢な米国の軍事力を自国からなるべく遠いところで迎え撃つことを基本としたものであるからだ。

２０１０年代に入ると、中国と並んでロシアのＡ２／ＡＤ能力が注目を集めるようになった。ロシアは２０００年代以降、欧州正面に中国と同じような軍事アセットを配備し始め、特に２０１４年のウクライナ危機以降には、黒海やバルト海周辺に強力な海・空・電磁波戦力による防御網を展開した。２０１５年にシリアへの介入を開始する前後には、こうした防衛網は東地中海にも拡大された。

欧州正面において西側との軍事的緊張が先鋭化する中、ロシアが西太平洋における中国と同じような戦略を採用することは、一見おかしなことではない。ただ、そこには重要な地理的相違が存在することも見過ごされてはならないだろう。中国が沖縄やグアムといった米軍の前方展開拠点を破壊することで、太平洋を巨大な戦略縦深として活用できるのに対し、ロシアは仮想敵であるＮＡＴＯ（あるいは潜在的なそれとしての中国）と最初から陸続きであることを宿命づけられているからである。

例えば第１章では、ロシア第二の都市であるサンクトペテルブルグからＮＡＴＯ加盟国のエストニアまではほんの１５０㎞であることを紹介したが、地図（Google Earth だが）に定規を当てて測ってみると、これよりやや奥まった位置にある首都モスクワでさえラトヴィアからわずか600㎞しかない。さらにNATO加盟国の国境から東に1000キロのところに線を引いてみると、この線内にはロシア欧州部のほとんどの主要都市、3つの軍管区司令部（西部、南部、北方）、4つの艦隊（北方艦隊、バルト艦隊、黒海艦隊、カスピ小艦隊）の母港が収まる。このような状況でもしもNATOとの全面戦争に至れば、「ザーパド2017」や「ツェントル2019」の想定通り、ロシアは開戦劈頭から激しい空爆を受けることになろう。

†「損害限定戦略」

米CNAコーポレーションのマイケル・コフマンは、したがって、ロシアが欧州正面で展開している戦略に中国とのアナロジーを用いるのは誤りであると主張する（Kofman 2019）。コフマンによれば、欧州正面におけるロシアの対NATO軍事戦略は、A2／ADをその構成要素の一部に含むものの、より広範で複雑な「損害限定」戦略であるという。以下、その内容を簡単にまとめてみよう。

第一に、損害限定戦略においては、米国の来援を阻止したり、欧州戦域内におけるその行動の自由を拒否することはできないと前提される。したがって、西側との大規模戦争勃発時におけるロシアの現実的な目標は、その初期段階において米国のPGM攻撃を吸収・

拡散させることによる抗堪性を確保し、防勢及び攻勢を通じて高価値アセットを消耗させ、指揮統制通信に対する攻撃によって作戦を混乱させることに置かれる。こうした打撃を小規模または大規模に行って米国の組織的な軍事作戦遂行能力を一定期間麻痺させ、迅速な勝利の達成を不可能にさせることにより、戦争継続に関する政治的決意を鈍らせるというのが損害限定戦略の基本的な考え方である。

第二に、以上の目標を達成するにあたっては、防勢と攻勢を組み合わせた「能動的防御」が不可欠となる。特に重要なのは主導権を握るために実施される予防的な攻撃であり、ここには後述するエスカレーション抑止のためのデモンストレーション的・限定的攻撃が含まれる。

第三に、損害限定戦略は特定の領域を前提としたものではない。ここで追求されているのは、敵が組織的な軍事作戦を遂行する能力の全体を妨害することであって、これに資するアセットはあらゆるものが動員される。

具体的には、低層防空システムから広域防空システムまでをネットワークで接続した統合防空システム（IADS）によって自国の継戦能力の中核となる戦略的インフラ（軍と国家の指揮通信統制システム、警戒システム、戦略核部隊など）や野戦軍を防護し、同時に長距離PGM、短距離の火砲や多連装ロケット（MLRS）、EMS作戦能力、サイバー作戦能力、対宇宙作戦能力を用いて米国の継戦能力を妨害することが意図される。ソ連の戦略思想においては、このように攻守の多様な手段を統合する運用方法が「航空宇宙攻撃を撃退するための戦略作戦（SORASA）」として定式化されていたが、アダムスキーによると、ロシア軍はソ連崩壊後もこのような考え方を強く受け継いだという（Adamsky 2021）。

ここで興味深いのは、射程の短い火砲やロケット砲でさえもが損害限定の手段になるという指摘であろう。中国のA2／ADが広大な戦域を想定しているがゆえに長距離兵器を主体とするのに対し、欧州正面では、最初から敵主力と近接した状態で戦闘が始まると想定されるためである。また、米国防情報局（DIA）は、ロシアのA2／ADアセットには敵の情報活動を拒否・欺瞞するための情報能力が含まれるとしている。

もちろん、ロシアはそれよりもはるかに広い範囲に対しても戦力発揮妨害のための攻撃を及ぼしうる態勢を整えている。中心となるのは短距離弾道ミサイル（SRBM）や巡航ミサイルといった長距離PGMである。

ただ、空中発射巡航ミサイル（ALCM）や艦艇発射型巡航ミサイル（SLCM）の発射プラットフォームとなる航空戦力や海上戦力は開戦劈頭《へきとう》に壊滅させられる可能性が高い。欧州方面での大規模戦争においては、ロシアはまず集中的なPGM攻撃に見舞われることを覚悟せねばならず、この場合、特定のインフラ（港湾、飛行場など）に依存する艦艇や航空機は真っ先に標的とされるに違いないためだ。

したがって、ロシア軍にとって最も信頼できるのは、地上から発射されるSRBMや地上発射型巡航ミサイル（GLCM）であろう。特定の基地に依存せず、広大な地上のあちこちに設けられた隠蔽《いんぺい》陣地の間を移動しながら戦うGLCMは、ALCMやSLCMに比べてはるかに高い生残性を発揮する。ロシア軍が過去10年間、SRBMとGLCM双方の発射能力を持った9K720イスカンデル－M作戦・戦術ミサイル・システムを年間2個旅団という非常に早いペースで調達してきたのは、こうした認識を背景としてのことであると考えられる。

†疑惑のミサイル9M729

また、イスカンデル－Mは9M729長距離GLCMの発射プラットフォームになるとも見られている。9M729は射程2000キロにも及ぶ3M14SLCMの地上発射バージョンであると考えられているが、同ミサイルは射程500〜5500キロの地上発射型ミサイルを開発・生産・配備することを禁じた1987年の中距離核戦力（INF）全廃条約に完全に違反するものであったため、オバマ政権期から米露対立の種となってきた。

米『ニューヨーク・タイムズ』紙が米政府高官の談話として報じたところによると、ロシアがＩＮＦ条約に抵触する射程のミサイルを最初に発射したのは２００８年のことであり、２０１１年頃には米国政府内でロシアの条約違反に関する確信がほぼ得られていたという（Gordon 2014）。となると、問題のミサイル開発はその数年〜10年ほど前には始まっていた可能性が高く、米国のコーツ国家情報長官は、その時期が少なくとも「２０００年代半ば」であったと明らかにしている（Office of DNI 2018）。

ちなみに、２０１９年２月に米『ウォール・ストリート・ジャーナル』が報じたところによると、ロシアは既に４個大隊の９Ｍ７２９部隊をロシア各地に配備していたとされる（Gordon 2019）。また、『自由ヨーロッパ・ラジオ（ＲＦＥ）』は、その配備地域がカプスチン・ヤール演習場、カムィシュロフ（スヴェルドロフスク州）、モズドク（北オセチア共和国）、シュヤ（イワノヴォ州）であるという独『フランクフルター・アルゲマイネ』の情報を紹介した（*Radio Free Europe* 2019.2.10.）。

９Ｍ７２９装備大隊は１個あたり移動式発射機４両を装備し、各ＴＥＬは４本のキャニスターを装備すると見られることから、この推定に基づけば少なくとも64発、予備弾を含めるとおそらく１３０発近くの９Ｍ７２９が配備されていると思われる（前述の『ウォール・ストリート・ジャーナル』は、予備弾を含めて１００発近くになるという米政府高官の発言を伝えている）。

興味深いのは、カプスチン・ヤール以外の3カ所はいずれもロシア陸軍のロケット旅団、しかも比較的早い段階でイスカンデル-Mへの装備更新を完了したロケット旅団の駐屯地域だという点である（表11）。このことは、9M729がイスカンデル-Mを発射プラットフォームとして運用されているか、同システムと運用インフラを相当程度共有しており、しかも同じロケット旅団の隷下にあることを示唆している。ロシア陸軍では現在、イスカンデル-M旅団1個あたりの定数を3個大隊から4個大隊へと増加させる実験を行っているとされるが、この4個目の大隊が9M729装備部隊である可能性も考えられるだろう。

†「鏡面的措置」で対抗するロシア

2019年8月、ロシアの条約違反を理由として米国がINF全廃条約から脱退し、独自の地上発射型中距離ミサイルを開発する方針を表明すると、ロシアは「鏡面的措置」として極超音速ミサイルを含む多様な中距離打撃手段を開発・配備する計画を明らかにした。

ここで注目されるのは、ロシアが「鏡面的措置」――すなわち米国とそっくり同じことをするという方針を取ったことである。

米国によるグローバルミサイル防衛（MD）への対抗策に代表されるように、戦略核戦力の分野においてロシアが伝統的に依拠してきたのは、これとは逆の「非対称」アプロー

軍管区	連合部隊（軍）	兵団（ロケット旅団）	イスカンデル－Mへの装備更新
西部軍管区	第6諸兵科連合軍	第26ロケット旅団（レニングラード州ルガ）	2011年
	第1戦車軍	第112ロケット旅団（イワノヴォ州シュヤ*）	2014年（当時は第20諸兵科連合軍）
	第20諸兵科連合軍	第448ロケット旅団（クルスク州クルスク）	2018年
	バルト艦隊第11軍団	第152ロケット旅団（カリーニングラード州チェルニャホフスク）	2017年
南部軍管区	第49諸兵科連合軍	第1ロケット旅団（クラスノダール地方ガリャーチー・クリューチ）	2013年
	第58諸兵科連合軍	第12ロケット旅団（北オセチア共和国モズドク*）	2015年
中央軍管区	第2諸兵科連合軍	第92ロケット旅団（オレンブルグ州トツコエ）	2014年
	第41諸兵科連合軍	第119ロケット旅団（スヴェルドロフスク州カムィシュロフ*）	2016年
	第8諸兵科連合軍	第464ロケット旅団（アストラハン州ズナメンスク）	2019年？（新編中）
東部軍管区	第35諸兵科連合軍	第107ロケット旅団（ユダヤ自治州ビロビジャン）	2013年
	第36諸兵科連合軍	第103ロケット旅団（ブリヤート共和国ウラン・ウデ）	2015年
	第5諸兵科連合軍	第20ロケット旅団（沿海州ウスリースク）	2016年
	第29諸兵科連合軍	第3ロケット旅団（ザバイカル地方ゴールヌィ）	2017年（新編）
	第68軍団	ロケット旅団なし	

表11　イスカンデル－Mの配備状況

出典：筆者作成　＊9M729が配備されたと報じられている地域

チであった。つまり、米国と同じことをするのではなく、より安価に米国のMD網を突破可能な極超音速滑空飛翔体（HGV）を開発したり、ICBMに搭載する弾頭の数を増やしたり、あるいは囮《おとり》や電波妨害システムを搭載するといった方法である。その最も極端な例は、1980年代のソ連が米国の戦略防衛構想（SDI）に対抗するために検討していた超大型核ミサイルで、1基あたり40発もの核弾頭を搭載することが想定されていたという。

このように、米国が経済的・技術的にキャッチアップ不可能な手段に出てきた場合には、より安価かつローテクな方法でこれに対抗するというのがロシアの伝統的なアプローチであり、この点は現在のロシアにも引き継がれている。プーチン大統領をはじめとするロシア政府首脳が度々「軍拡競争に引き摺り込まれるつもりはない」と述べているように、現在のロシアが米国を相手に正面から軍拡競争を挑めば、戦う前に財政が破綻することは火を見るより明らかだからだ。

だが、INF全廃条約が破棄された後、ロシアはこのようなアプローチを取らなかった。純軍事的にいえば、これは地上配備型の中距離打撃手段が欧州正面における損害限定戦略のツールとして非常に有用性が高いと見なされたためと解釈できよう。ロシアの損害限定戦略に求められるのは、広大な戦域のあちこちに分散・隠蔽され、なおかつ動き回ることによって生き残りを図りながらＮＡＴＯの戦力発揮中枢を打撃しうる長距離ＰＧＭなのであって、９Ｍ７２９ＧＬＣＭはそのためにうってつけの兵器ではある。

他方、同ミサイルの開発開始は２０００年代前半にまで遡るとされている。当時、米露関係は多少の緊張を孕みながらも現在よりははるかに良好であり、中国の軍事的台頭もまだ緒に就いたばかりという段階であったことは忘れてはならないだろう。ロシアと西側が激しく対立する昨今の情勢に照らしてみれば、損害限定のような純軍事の論理は一見もっともらしく響くが、果たしてそのような論理がロシアの根本的な動機を説明しているかどうかはまた別の問題である。

奇妙な説得力を感じるのは、フランスのロシア軍事研究者であるファコンらの意見(Bondaz, Delory, Facon, Maitre, Niquet 2019)である。つまり、ＩＮＦ条約違反の９Ｍ７２９ＧＬＣＭが開発されたのは、軍需産業や軍が政治的な制約をあまり気にせずに作りたいものを作った結果である、というものだ。身も蓋もない話ではあるが、ソ連の兵器開発史を紐解くとこの種の話は枚挙にいとまがなく、案外この辺りが真実なのかもしれない。

2 戦場化する宇宙

†凋落する宇宙大国

このほかにも、有事においてロシアが損害限定のために動員するであろうアセットは多岐にわたる。例えば、宇宙空間における妨害・攻撃能力だ。

ソ連は世界初の人工衛星スプートニク1号を打ち上げ、やはり世界で初めての宇宙飛行士であるユーリー・ガガーリン少佐を宇宙に送り込んだ宇宙大国として知られる。その後も、ソ連は、米国唯一のライバルとして、軍事宇宙利用から宇宙探査に至るあらゆる領域で宇宙競争を繰り広げた。

だが、ソ連崩壊後のロシアの状況は誠にお寒いものと言わざるを得ない。ソユーズ・ロケットに代表されるレガシーな能力では依然として一定の存在感を保っているものの、再利用型ロケットによる安価な宇宙アクセス、大量の小型衛星による衛星ネットワーク（コンステレーション）の構築、さらには各国で注目を集める宇宙資源の採掘など、「ニュー・スペース」と呼ばれる新たな宇宙利用の形態には全くついて行けていないのが現状である。

その背景にあるのは、経済力の小ささに起因する宇宙開発予算の恒常的な不足、ウクライナ危機による欧米・ウクライナ製コンポーネントの供給途絶、先端科学技術の停滞、宇宙ベンチャーの立ち上げを阻むビジネス環境——といった構造的問題だ。しかもこの間、中国やインドが独自の宇宙開発を本格化させてきたことで、ロシアが持つレガシーな宇宙開発能力の相対的な価値は大きく低下してきた。

こうした停滞を打破するため、ロシア政府は2015年、連邦宇宙局と主要宇宙企業を統合した国家コーポレーション「ロスコスモス」を設立した。官民一体体制の下で宇宙産業の効率化を図り、国際競争力を回復することを目的としたものだ。だが、宇宙産業が元々はミサイル産業として発展してきたことによる秘密主義の名残が根強いこと、明確な戦略が欠如していること、資金が恒常的に不足していることなどから、改革の目立った成果は見えてこないというのが現状である（Vidal 2021）。

軍事宇宙分野も例外ではない。ロシア軍は航空宇宙軍（VKS）の傘下に宇宙部隊（KV）を擁し、軍事衛星の打ち上げから運用までを全て自前でこなす能力を持つが、予算の制約から、軌道上に展開させられる軍事・軍民共用衛星の数は限られており、NATO全体との比較では3倍近い差をつけられている（表12）。

性能面の比較は容易ではないが、2016年に日本の科学技術振興機構（JST）研究

運用国		軍事衛星	軍・政府共用	軍民共用	合計	
NATO	米国	169	0	45	214	285
	NATO 加盟国（米国除く）	30	6	35	71	
中国		62	52	0	114	
ロシア		72	32	0	104	
インド		8	0	0	8	
イスラエル		7	4	0	11	

表12　米中露の軍事・軍民共用衛星の軌道配備数

出典：Union of Concerned Scientists 2020より筆者作成。なお、この中には軍事作戦の支援に投入可能な民間衛星は含まない。

評価項目	満点	米国	欧州	ロシア	日本	中国	インド	カナダ
衛星バス技術	10	10	9.5	5.5	7	5	3.5	1
衛星通信放送	10	9	8.5	3	5	3.5	2	3
地球観測	10	8	8.5	4	6	5.5	4	3
航行測位	10	10	6	7.5	4.5	7	3	0.5
合計	40	37	32	19	22.5	20	12.5	7.5
総合評価		28	24.5	15	17	16	9.5	5.5

表13　世界主要国の人工衛星技術力の評価（2015年時点）

出典：科学技術振興機構（JST）研究開発戦略センター2016、19頁より。

開発戦略センターが公表した報告書では、主要国の人工衛星技術力の評価は表13のとおりとされており、ロシアの総合評価は米欧ばかりか日本や中国にも劣るとされていた（科学技術振興機構〔JST〕研究開発戦略センター、19頁）。このような技術的傾向が概ね軍事分野にも当てはまると考えるならば、ロシアの軍事衛星はいずれも西側のそれに劣ると見なすべきであろうし、その後の中国とインドの技術的追い上げを考えると、世界の宇宙大国の中における相対的な地位はさらに低下している可能性が高い。

†「宇宙優勢」を目指して

ただ、ロシアも手をこまねいているわけではない。近年、ロシアでは新型偵察衛星ペルソナ、軍用高速通信衛星ブラゴヴェスト（セルジュコフはその通信回線を有償で民間に開放することを目論んでいたが、彼の失脚後に軍専用とされた）、ミサイル警戒衛星クーポルなどを次々と打ち上げており、宇宙作戦能力を近代化しようとしてはいる。ただ、これまで述べてきたような財政・技術上の制約を考えるならば、質量ともにロシアが西側に追いつく見込みは非常に小さい。

そこで近年のロシアが注力しているのは、有事において敵の宇宙作戦能力を引き下げるという方法だ。例えば『軍事思想』に最近掲載された論文「現代的条件下において宇宙での優勢を確保するためのアプローチ」（Ковальчук и Мушков 2018）は、その方法論を具体的に論じたものとして注目される。

同論文によると、「宇宙優勢」とは「一方の側の宇宙アセット（人工衛星など）が他の宇宙アセットに対して決定的な優位を有する状態」である。また、このような状態を実現するためにロシアが取るべき手段としては、①敵宇宙アセットが有効に機能できなくするための対衛星攻撃（ＡＳＡＴ）と②自国の宇宙アセットに対する敵のＡＳＡＴ排除、の２通りが考えられるが、論文の著者は前者を特に重視すべきであるとしている。

その理由は明らかにされていないが、念頭にあるのは、現在のロシアが西側に対して「宇宙劣勢」にあるという事実であろう。ロシアの宇宙作戦能力が西側に比べて低いということは、西側の軍事力の方がより宇宙空間に依存しているという事実の裏返しでもある。

では、敵の宇宙優勢を突き崩すためにはどうしたらよいのか。問題の論文は、そのための方法論を次のように述べている。まず、しなければならないことは、敵（西側）が宇宙空間をどのように利用しているかを見極めることであり、ここでは後述するKVの宇宙状況監視（SSA）能力が平時から総動員されることになろう。

そして、敵による軍事宇宙利用の状況が解明されたら、今度は敵の宇宙アセットがどのレベルまで減少すれば任務達成が不可能になるのかを数学的モデルによって解析し、そのための手段とその使用方法を決定する。要は、宇宙優勢とは相対的なものであって、敵の宇宙作戦能力を低下させてやればよい、というのがこのアプローチの基本的な発想である。

このような発想自体は、別段、目新しいものではない。冷戦期のソ連は軌道上で米国の軍事衛星に接近して自爆し、これを破壊する攻撃衛星（いわゆるキラー衛星）技術を熱心に追求し、ソ連末期には実戦配備していた。

冷戦後、このような攻撃的宇宙プログラムは中断されたが、2010年代に入ってから状況が変わった。ロシアの衛星が他の衛星に近付いたり離れたりといった不審な動きが観察されるようになったのである。特に2020年1月にはロシアの軍事衛星コスモス2452が米国のKH－11偵察衛星に最短100マイルの距離まで接近したとして、レイモンド米宇宙軍司令官が「異例で、混乱を招く振る舞い」などと発言する事態になった（*TIME* 2020.2.10.）。

†人工衛星に対する「ソフトな」攻撃

その目的はいくつか考えられよう。冷戦期のキラー衛星と同様、敵国衛星の物理的破壊（ハード・キル）を狙っている可能性がその第一である。ロシアは地上から発射する対衛星攻撃用ミサイル「ヌードリ」の実験を繰り返しているともされ、有事に衛星を破壊できる能力を追求していることは間違いない。間もなく実戦配備が開始される次世代防空システムS－500も低軌道の人工衛星に対する攻撃能力を持つとされる。

ただ、衛星を破壊すればその破片は大量のデブリ（ゴミ）となって軌道上を長期間漂い、宇宙利用を阻害する。第三次世界大戦でも起きれば別だが、シリアやウクライナにおけるロシアの軍事活動を米国の軍事衛星に察知されないために、いちいち衛星を破壊することはちょっと考えにくい。国際的な非難を浴びる上に、自国の宇宙作戦能力まで阻害されかねないためである。

他方、人工衛星を破壊するのではなく、センサーや通信だけを妨害するという方法（ソフト・キル）であれば敷居はずっと低い。ロシア国防省は2019年に打ち上げた実験衛星を使って「宇宙空間における人為的・自然のファクターが宇宙機に与える影響の調査」を行っていることを明らかにしており、宇宙空間での衛星妨害が視野に入っていることは間違いない。また、ロシアは地上に設置した装置を使って、衛星と地上の間での通信を妨害（ジャミング）したり、GPS受信機に偽電波を送り込む（スプーフィング）技術を実用化していることは第1章でも既に触れた。

しかも、ハード・キル型の対衛星攻撃と異なり、この種のソフト・キル型攻撃は物理的な破壊を伴わないため、平時から使用することが可能である。実際、ロシアは「ザーパド2017」演習の際、西側の偵察活動を妨害するために大規模なGPSスプーフィングを実施したと伝えられるほか、翌2018年にNATOが北極圏で実施した大規模演習「トライデント・ジャンクチャー」でも同様の妨害が行われたという見方がある（Coultrup 2019）。ロシアは衛星通信の妨害能力を有するクラスーハ-4電子戦システムをシリアに展開させているので、シリア周辺でも米軍などの衛星は恒常的な妨害を受けているのかもしれない。

ただ、これらの妨害がどの程度の効果を発揮したのかについて、西側諸国の軍は詳細を一切明らかにしていない。軍用通信システムの強靭性を暴露することになるためである。これは何らかの妨害装置を搭載した人工衛星が登場してもおそらく同様であろう。

一方、近年のロシア軍はペレスウェートと呼ばれる対衛星攻撃用レーザー兵器を配備するようになった。ICBM基地に配備され、有事にはミサイル部隊の動きを把握されないように、敵の偵察衛星のセンサーをレーザーで破壊する役目を負っていると見られる。部分的な破壊を伴うという意味では、ハード・キルとソフト・キルの中間くらいに位置する兵器と考えられるだろう。

第三の可能性としては、敵国の人工衛星を偵察する「衛星スパイ衛星」が考えられる。多くの国は軍事衛星の正確な性能を把握されないよう、その外観を機密指定している。そこで「衛星スパイ衛星」を接近させてやれば、機密のヴェールを相当程度剝ぎ取ることができるというわけだ。前述したコスモス2452について、ロシア国防省は「自国の衛星の技術的状態を調査する目的のもの」としているが、「自国の衛星」を「外国の衛星」に読みかえれば、すなわち「衛星スパイ衛星」そのものということになる。この種の「衛星スパイ衛星」は既に米国や中国でも実用化されており、ロシアが同様の能力を目指している可能性は高いと考えられよう。

一方、ロスコスモスは、外国の衛星が接近すると太陽電池パネルを半球形にして外観をわかりにくくする技術の特許を、2020年に取得したことが明らかになっている。レーダーとステルスのイタチごっこのような競争が、今後は宇宙空間でも繰り広げられるようになるのかもしれない。

†ロシアの宇宙状況監視能力

ところで、ロシアが目指すのがハード・キルであるにせよ、ソフト・キルであるにせよ、そのためにはまず敵の人工衛星群の陣容を正しく把握しなければならない。ここで必要とされるのが、宇宙状況監視(SSA)能力であり、衛星同士の衝突回避やデブリ対策といった非軍事分野でも急速に注目を集めるようになった。

ただ、ロシアにおいてSSAの中心に位置するのは、やはり航空宇宙軍(VKS)である。冷戦期以降、ソ連・ロシア軍は弾道ミサイルをなるべく早期に探知するためのレーダー・ネットワークを構築してきており、これはそのまま低軌道衛星の探知・追尾にも使用可能であるからだ。近年、ロシアはこれらの早期警戒レーダーを新型のヴォロネジ・シリーズに更新する作業を進めており、これによって人工衛星の探知・追尾能力は一層向上しているとされる。

また、ロシア軍はタジキスタンのヌレク高地に「アクノー（窓）」と呼ばれる軍事用天体観測施設を設置しており、レーダー情報だけでは把握できない外国衛星の形状などを大型望遠鏡で観測する能力も持つ。タジキスタンが選ばれたのは空気が澄んでいること、晴天率が高いこと、大都市の光源から遠いことといった条件を満たしたからであるとされているが、こうした光学SSAに適した土地を「勢力圏」内に抱えていることもロシアの強みの一つに数えられよう。

こうして、地球近傍空間を通過する人工衛星を日夜観測し、カタログ化していくことで、（文字通り）星の数ほどもある衛星の中から標的を探し出すことができるようになるのである。

3　ロシアの核戦略――「エスカレーション抑止」をめぐって

†破滅を避けながら核戦争を戦う

だが、以上のような損害限定戦略によってもロシア軍が劣勢となった場合にはどうなるのだろうか。ここで登場するのが核兵器である。

ソ連は1983年、NATOが核兵器を使用しない限り核使用には訴えないとする「先制不使用（NFU）」を宣言したが、これはソ連を中心とするワルシャワ条約機構軍の通常戦力がNATOに対して優勢に立っていたからできたことである。これに対して、ワルシャワ条約機構軍の全面侵攻を通常戦力のみで阻止するのは困難であると見ていたNATOは、「柔軟反応戦略」を採用し、開戦劈頭に西ドイツ国内で戦術核兵器を使用することで通常戦力の劣勢を補う方針を基本としていた。

ところが、ソ連の崩壊とロシアの国力低下、そして中・東欧諸国のNATO加盟によって状況は180度逆転してしまった。通常戦力で劣勢に陥り、ハイテク戦力でもNATOに水を開けられたロシアでは、こうした状況下で「地域的核抑止」と呼ばれる戦略を採用する。NATOの「柔軟反応戦略」を東西逆にして焼き直したものであり、戦略核戦力によって全面核戦争へのエスカレーションを阻止しつつ、戦術核兵器の大量使用によって通常戦力の劣勢を補うというのがその骨子である。核による破滅を避けながらも核戦争を戦うということだ。

ロシアは、ソ連末期の1991年にゴルバチョフ大統領が発出した大統領核イニシアティブ（PNI）と、これに続く1992年のエリツィン大統領のPNIに基づいて戦術核兵器の多くを退役させ、残りを国防省第12総局（12GUMO）が管理する集中保管施設に移管したことになっている。

だが、これ以降、その実態は検証されておらず、ロシアが30年前の約束をまだ守っているのかは全く不透明である。現在のロシア軍が実際にどの程度の戦術核兵器を保有しているのかについても公式の情報では一切明らかにされておらず、大方の推定では1000～2000発前後の戦術核弾頭が現在も有事の使用を想定して準備状態に置かれていると見られている。

いずれにしても、通常兵器や対宇宙作戦、電磁波領域作戦などを動員した損害限定戦略が失敗に終わった場合には、戦術核兵器が使用される可能性が現在も残されていることは疑いない。

†「エスカレーション抑止」論の浮上

一方、これと並行して発展してきたのが「エスカレーション抑止」とか「エスカレーション抑止のためのエスカレーション（E2DE）」と呼ばれる核戦略である。限定的な核使用によって敵に「加減された損害」を与え、戦闘の継続によるデメリットがメリットを上回ると認識させることによって、戦闘の停止を強要したり、域外国の参戦を思いとどまらせようというものだ（Sokov 2014）。

その実態については、「スタビリノスチ2009」演習に際して軍事評論家のゴリツが『自由ヨーロッパ・ラジオ（RFE）』ロシア語版のインタビューに答えた内容がわかりやすいだろう。ゴリツが描くエスカレーション抑止型核使用とは次のようなものである（*Радио Свобода* 2008.9.22.）。

（前略）戦略的な性格を持つロシアの指揮・参謀部演習は、1999年頃から行われるようになりました。現在まで、それらは全て一つのシナリオの下に行われています。侵略者がロシアの同盟国かロシア自体を攻撃するという想定です。通常戦力は相対的に劣勢であるため、我々は防勢に廻ります。そしてある時点で、我が戦略航空隊がまず、核兵器によるデモンストレーション的な攻撃を仮想敵の人口希薄な地域に行います。我が戦略爆撃機はこれを模擬するために、通常、英国近傍のフェロー諸島の辺りを飛行していますす。これでも侵略者を止めることができない場合には、訓練用戦略ミサイルを1発か2発発射します。その後はこの世の終わりですから、計画しても無意味ですね。

ゴリツは民間の（しかも多分に反体制的な）軍事評論家であるが、彼の語るエスカレーション抑止のあり方は、ロシア軍内部における議論の動向と非常によく合致している。特に重要なのは、ゴリツがデモンストレーションと限定的な損害惹起を区別している点だ。つまり、限定的な核使用とひとくちに言っても、そこには「見せつける」ための核使用から、実際にある程度の損害を与えて相手を思いとどまらせることまでの幅が存在するということである。

米海軍系のシンクタンクである海軍分析センター（CNA）は、膨大な数のロシアの軍事出版物分析に基づき、エスカレーション抑止戦略に関する2本の詳細な分析レポート（Kofman, Fink, and Edmonds 2020/ Kofman and Fink 2020）を2020年に公表しているが、ここではエスカレーション抑止型核使用の諸段階がより詳しく整理されている（表14）。

その第1段階はゴリツのいう「デモンストレーション」であり、この中には兵力の動員や演習による威嚇から特定の目標に対する単発の限定攻撃（核または非核攻撃）までが含まれる。一方、これでも所期の目的（戦闘の停止や未参戦国の戦闘加入）を阻止できない場合に行われるのが第2段階の「適度な損害の惹起」で、紛争のレベルに合わせてもう少し規模や威力の大きな攻撃を敵の重要目標に対して実施し、このままでは全面核戦争に至りかねないというシグナルを発する——というものである。

第2章で見たように、ロシアの「抑止」概念においては、相手の行動を変容させるために小規模なダメージを与えることが重視される。軍事力行使の閾値下においては、こうし

平時	軍事的脅威事態	局地紛争	地域戦争	大規模戦争	核戦争
・グローバルな軍事、政治的状況の監視 ・非軍事的性格を有する政治、情報、経済的施策への関与	・軍の即応態勢の上昇 ・新兵器のデモンストレーション的なテスト ・軍の戦略的展開とデモンストレーション的な行動 ・死活的に重要な目標に対するダメージ惹起の脅し ・特定の目標に対する単発のPGM攻撃	・一般任務戦力の行動 ・敵領域内の目標に対する複数の精密誘導兵器を用いた攻撃 ・核使用の脅し ・敵の戦略核戦力の戦闘ポテンシャルを減少させないがロシアのそれを増大させるような目標に対するPGMその他を用いた損害惹起	・多数のPGMを用いた敵の目標に対する攻撃 ・敵部隊に対する単発または複数の戦術核兵器の使用 ・戦略核兵器または戦術核兵器のデモンストレーション的な使用 ・単発の核攻撃につながることを確信させる行動	・敵部隊に対する戦術核兵器の大量使用 ・敵の軍事、経済目標に対する単発及び（または）複数の核兵器（戦術核兵器及び戦略核兵器）の使用	・敵の軍事、経済目標に対する戦略核兵器及び戦術核兵器の大量使用
軍事力のデモンストレーション	力の行使に関する直接・非直接の脅し	探りを入れるための軍事力行使	中規模の（限定された）力の行使	激しい力の行使	
デモンストレーション		適度な損害の惹起			報復

表14　段階的なエスカレーション抑止の例

出典：A.V.スクリプニクの論文を元にCNAが作成したもの（Kofman, Fink, and Edmonds 2020）を筆者が日本語訳した。

た「抑止」が米国大統領選への介入などといった形を取ったが、軍事的事態においては限定核使用による「損害惹起」がこれに相当するということになろう。

†公開された機密文書の中身

ただし、ロシアが本当にこうした核戦略を採用しているのかどうかは、今ひとつはっきりしない。軍事政策の指針である『ロシア連邦軍事ドクトリン』に記載された核使用基準にはエスカレーション抑止を匂わせる文言は見られないが(表15)、これらのドクトリンには公表されない部分があるとも言われるためである。

例えば2010年版『ロシア連邦軍事ドクトリン』が採択された際、国防省を代表してそのとりまとめ作業に当たったナゴヴィツィン副参謀総長(当時)によると、同文書には公開部分とは別に非公開部分が存在しており、後者には「戦略的抑止手段としての核兵器の使用」を含めた具体的な軍事力の運用に関する規定が記載されているという。さらにメドヴェージェフ大統領(当時)はこれと同時に『核抑止の分野における2020年までのロシア連邦国家政策の基礎』を承認したが、その内容は非公表とされたため、エスカレーション抑止はこちらに盛り込まれたのではないかという憶測が生まれた。

一方、2017年にプーチン大統領が承認したロシア海軍の長期戦略文書『2030年

文書	主な記述	付随する記述
1993年版軍事ドクトリン「基本規定」	本文書は、限定的なものを含め、一方の側が戦争において核兵器を使用すれば核兵器の大量使用を引き起こし、破滅的な結果につながるとのテーゼを含む。	
2000年版軍事ドクトリン	ロシア連邦は、自国及び（または）その同盟国に対する核兵器及びその他の大量破壊兵器に対抗して、並びにロシア連邦の国家安全保障に危機的な通常兵器による大規模侵略に対抗して核兵器を使用する権利を留保する。	ロシア連邦は、核兵器を保有しない核不拡散条約加盟国に対しては核兵器を使用しない。ただし、ロシア連邦、ロシア連邦軍又はその他の部隊、その同盟国、安全保障上の関係において義務を有する国家に対して核保有国が攻撃を行う際、非核保有国がこれと共同して、あるいは同盟上の義務に従って参加または援助する場合は除く。
2010年版軍事ドクトリン	ロシア連邦は、自国及び（または）その同盟国に対して核兵器及びその他の大量破壊兵器が使用された場合並びに通常兵器を使用したロシア連邦への侵略によって国家の存立が危機に瀕した場合に核兵器を使用する権利を留保する。	核兵器の使用に関する決定はロシア連邦大統領が行う。
2014年版軍事ドクトリン	同上	同上
2000年版国家安全保障概念	他のあらゆる手段が失敗に終わり、軍事的侵略を撃退する必要が生じた場合は、核兵器を含むあらゆる保有手段を用いる。	国内における軍事力の行使は、市民の生命及び国家の領土的一体性に対する脅威並びに強制的な憲法体制の変更に関する脅威が生じた場合のみ、ロシア連邦憲法と連邦法に厳密に則った上で認められる。

表15　過去の軍事政策文書に記載された核使用基準

出典：筆者作成

までの期間における海軍活動の分野におけるロシア連邦国家政策の基礎』には、「軍事紛争がエスカレーションする場合には、非戦略核兵器を用いた力の行使に関する準備及び決意をデモンストレーションすることは実効的な抑止のファクターとなる」と述べられている。ゴリツの言う二段階のエスカレーション抑止を想起するならば、ここでいう「デモンストレーション」が単なる威嚇のみを意味せず、限定的ながら実際に核使用に及ぶ事態が含まれていることは明らかであろう。

さらに2020年6月には、機密扱いであった『核抑止政策の基礎』の改訂版が突如として公開された。注目されるのは、その第1章において「軍事紛争が発生した場合の軍事活動のエスカレーション阻止並びにロシア連邦及び（又は）その同盟国に受入可能な条件での停止を保障する」ことが核抑止の目的の一つに数えられたことであろう。まさに「エスカレーション抑止」そのものである。

このようにしてみると、ロシアがエスカレーション抑止を核戦略に組み込んでいることは、まず疑いがないようにも思われる。米国もこの点については懸念を強めており、2017年には、在独米軍がロシアの限定核攻撃を受けたという想定で図上演習が行われたとされる（Kaplan 2020）。また、トランプ政権下で策定された2018年版『核態勢見直し』（NPR2018）ではこうした事態に対応する手段として、トライデントⅡD－5潜水艦発射弾道ミサイル（ＳＬＢＭ）に低出力型核弾頭を搭載したバージョン（ＬＹＴ）を開発する方針が決定された。

仮にロシアが「エスカレーション抑止」型核使用を行なった場合、米側もまた全面核戦争の危険を冒すことなくロシアに反撃するため、ごく小威力の核弾頭を搭載したミサイルで同程度の反撃を行うというものである。

だが、ロシアがしきりにエスカレーション抑止をちらつかせるのは心理戦であるという見方も根強い。ポーランド国際関係研究所（ＰＩＳＭ）のヤツェク・ドゥルカレチが指摘するように、それがいかに限定的なものであったとしても、ひとたび核兵器を使用すれば、敵がどのような反応を示すのかはかなり不確実であると言わざるを得ないからである（Durkalec 2015）。

また、２０２０年版『核抑止政策の基礎』の内容を分析した米ＣＳＩＳ（戦略国際問題研究所）のオリガ・オライカーは、エスカレーション抑止についての言及が核抑止の全般的な性質について述べた第1章だけにおいてなされており、具体的な核使用基準を列挙した第3章には含まれなかったことに注目する。つまり、エスカレーション抑止とは「最悪の場合にはこういうことも起こりうる」というシナリオの一つに過ぎず、具体的な核使用戦略ではないという（Oliker 2020）。

さらにオライカーは、ロシアが両者を意図的に混同させようとしているとも主張している。仮にエスカレーション抑止が具体的な核使用戦略ではないのだとしても、現実にロシア側にはそのようなアイデアが存在し、そのための手段（低出力核弾頭搭載ミサイルなど）をロシア軍が保有している以上、実際にそのような核使用を行う可能性をNATOは常に払拭できなくなるためである。ウィーン軍縮不拡散センターのウルリヒ・クーンも、ロシアの狙いは、核運用政策を敢えて曖昧なままにしておくことで「エスカレーション抑止」のような核使用が実際にありうるかもしれないと西側に「思わせる」ことにあるとしている（Kühn 2018）。

†通常兵器によるエスカレーション抑止

それでは、核兵器以外の方法でエスカレーション抑止を図るとしたらどうだろうか。デモンストレーションや損害惹起を目的とするならば、その手段はなにも核兵器に限らず、通常弾頭型の長距離PGMでも同じ効果が得られるのではないか。しかも、これならば通常戦力の敗北が核使用に直結せず、両者の間にもう一段階、「エスカレーションの梯子《はしご》」を設けることができるではないか――こうした考えに基づいて、近年のロシア軍では通常兵器を用いたエスカレーション抑止戦略が盛んに議論されるようになった。前述したCN

Aの研究チームによると、現在のロシアにおいて主流となっているのは、こうした非核エスカレーション論であるという。

実際、現行の2014年版『ロシア連邦軍事ドクトリン』には、「軍事的な性格を有する戦略的抑止力の実施枠組みにおいて、ロシア連邦は精密誘導兵器の使用を考慮する」という一文が初めて盛り込まれた。核兵器によるエスカレーション抑止については曖昧な態度を取りつつも、非核エスカレーション抑止についてはそれがロシアの軍事政策に含まれることが非常に明確な形で宣言されたことになる。

プーチン大統領も首相時代に発表した国防政策論文の中で「非核の長距離精密誘導兵器が広範に使用されることで、グローバルな紛争を含めた決勝兵器としての地位をますます確固とするだろう」と述べており（Путин 2012）、非核エスカレーション抑止論が高いレベルでの支持を受けていることが窺われよう。

しかも、非核エスカレーション抑止論は、単なる理論ではない。2010年代を通じて巡航ミサイルなどの長距離PGMに集中的な投資を行なった結果、現在のロシア軍は米国に次ぐ巨大な通常型PGM戦力を保有するに至っているからである。

その意味では、「ツェントル2019」に続いて実施された「グロム2019」演習が非常に興味深い。軍管区大演習の後に実施される通常の戦略核部隊演習とは異なり、「グロム2019」の訓練項目には「長距離精密誘導兵器の使用のための訓練」が含まれていた。ロシア国防省が公開した映像を見ると、「グロム2019」ではICBM、SLBM、ALCMといった古典的な戦略核兵器に加え、カリブルSLCMや9M728GLCMなど、多様な非核PGMの実弾発射訓練が実施されたことが確認できる。非核PGMの増強が、ロシアのエスカレーション抑止戦略を新たな段階に押し進めたことを如実に示して見せたのが「グロム2019」であったと言えよう。

このようにして見ると、2020年のナゴルノ・カラバフ紛争でロシアがアゼルバイジャンに限定的なミサイル攻撃を行なったのではないか、という『ニューヨーク・タイムズ』の報道（第3章を参照）は非常に意味深長に見えてくる。ロシア軍が本当にこのような攻撃を行なったのだとすると、それは場当たり的なものなどではなく、核戦略家たちの間で長年議論され、精緻化されてきたエスカレーション抑止戦略をロシアがついに実行に移したものと考えられるためだ。

†極超音速兵器とレーザー兵器

ロシアの非核エスカレーション抑止戦略は現在も発展の過程にある。現在、ロシアの軍事思想家たちの関心を集めているのは、その手段として極超音速兵器を用いることだ。

「極超音速」とは一般的にマッハ５以上の超高速領域を言い、これほどの速度を発揮できる兵器は従来、大気圏外を飛行する弾道ミサイルに限られてきた。だが、近年、米中露をはじめとする世界の主要国では、大気圏内でも極超音速を発揮できる兵器の開発が熱心に進められており、２０１８年のプーチン大統領による教書演説では2つの極超音速ミサイルが紹介された。ＩＣＢＭで加速され、マッハ20以上の速度で飛行するとされる「アヴァンガルド」と、戦闘機から発射される射程２０００キロ、最大速度マッハ10の「キンジャール」である。

ただ、同じ極超音速ミサイルといっても、両者の性格はかなり異なる。アヴァンガルドの「売り」は、従来の核弾頭よりもはるかに低い高度を飛行し、地上のレーダーからは探知しにくいことと、複雑に飛行軌道を変化させることでミサイル防衛（ＭＤ）システムに迎撃されにくいこととされている。要は従来型の核弾頭をより迎撃されにくいよう改良したものであって、どちらかと言えば古典的な戦略核抑止力に関わる兵器と見ることができる。

一方、キンジャールも在来型の空対地ミサイルに比べて速度と機動性の高さを「売り」にしている点では同じだが、その弾頭は基本的に通常型（非核）であり、核弾頭を搭載しなくても目標を高い精度で攻撃できるとされている。在来型の防空システムを突破する能力を持ったこの種のミサイルによれば、低速の巡航ミサイルよりもはるかに高い確度で非核エスカレーション攻撃を遂行することができる、という見込みが立てられそうだ。

また、米国は２０１７年と２０１８年にシリアに対する巡航ミサイル攻撃を行なっているが、その政治的インパクトはさておき、実際の軍事的効果はごく限られたものであった。２０１８年について言えば、シリア空軍のシャイラト基地は60発近いトマホークの集中攻撃を受けながら、数日後には機能を回復してしまった。いかに射程が長く、誘導が精密であろうと、着弾してしまえばその威力は1発の５００キロ爆弾と変わらないのである。目標が堅固に掩体化されていたり、分散化されている場合には、やはりその効果は大幅に減殺されよう。

だが、超高速で落下してくる極超音速兵器ならば、滑走路に深い穴を穿《うが》つなどして目標の機能をより長期間にわたって機能不全に陥れうる。非核兵器の弱点である破壊力の弱さを、極超音速のもたらす運動エネルギーがある程度カバーするということだ。したがって、キンジャールのような極超音速兵器は、通常弾頭型であってもエスカレーション抑止の有力な手段となることが期待されるのである。

そのような意味で、２０２０年12月の『軍事思想』に掲載された論文「戦略的抑止を確保するための新たな兵器の役割について」（Евсюков и Хряпин 2020）は、多くの示唆を与えるものとして多くのロシア軍事専門家の注目を集めた。同論文によると、敵の防空網をかい潜《くぐ》って目標を精密に打撃できるキンジャールは、「政治的、倫理的、その他の理由」で核兵器が使用できない状況においても使用できる有力な打撃手段であると同時に、そのデモンストレーション使用によって軍事紛争の烈度や範囲を限定する効果を見込めるという。海軍向けに開発が進められているツィルコン極超音速対艦ミサイルについても、今後、対地攻撃バージョンが開発されれば、その一翼を担うことになるはずだ。

また、同論文は地上配備型レーザー兵器ペレスウェートも、敵の人工衛星に限定的な損害を与えることで同様の役割を果たすとしており、こうなるとエスカレーション抑止はさらに広い概念に発展しつつあることになる。

ただ、非核「エスカレーション抑止」もまた万能ではない。前述したCNAの報告書においても指摘されているとおり、敵が戦闘の停止や参戦の見送りを決断するに足るダメージのレベルを見積もることはもとより極めて困難であり、これが（核兵器ほどの心理的衝撃をもたらさない）通常戦力によるものであるとすればその複雑性はさらに増加するためである。ジョンソンが指摘するように、この意味で非核手段はロシア軍においても核兵器のそれを代替し得るとはみなされておらず、両者の関係性については現在も議論が進んでいる（Johnson 2018）。

物理空間からサイバー空間に至るまで、あるいは核兵器からレーザー兵器までのあらゆる手段を用いて敗北を回避しながら戦う——これが「弱い」ロシアが2020年代初頭までにたどり着いた大規模戦争戦略であると言えよう。

おわりに──２０２０年代を見通す

✝ロシア流の戦争方法

一国の軍事力を評価することには、常に困難がつきまとう。ある国の一個師団と別の国の一個師団とは定数も装備の数も異なるし、訓練や士気のレベルといった無形の要素がここに加わると定量的な評価はさらに難しくなる。それでも軍事戦略を立案するためには何らかの形で軍事力の強弱優劣を判別せねばならないから、各国では機甲師団指数のような尺度を用いて一定の基準で軍事力を評価・比較する方法論が熱心に研究されてきた。

だが、これはあくまでも軍隊と軍隊が正面切った戦闘に至った場合の優劣や、戦闘を支える継戦能力の大小に関するものである。仮に古典的な戦争──クラウゼヴィッツ的な国家間戦争とは異なる形で軍事力が用いられる場合にはどのように評価すればよいのか。あるいは、そのような非古典的な戦争の遂行方法とはそもそもどんなものなのか。２０１４

年のウクライナ危機は、政治的な文脈とはまた別に、このような問いを安全保障コミュニティに突き付けるものであったと言えるだろう。

本書は、現代ロシアの軍事力を題材として、この点に筆者なりの答えを示そうとしたものである。

第1章で見たように、古典的な指標で測った場合のロシアの軍事力は、核戦力を除いてそう大きなものではない。質・量の両面でロシアの軍事力はＮＡＴＯに対して劣勢であり、東方においても中国に対する劣勢が強まりつつある。しかし、ウクライナに対するロシアの介入は、ロシアの軍事力が見直される契機となった。特殊部隊による無血占領、民兵の動員、人々の認識を操作する情報戦、電磁波領域（ＥＭＳ）やサイバー空間での「戦闘」などにより、「弱い」はずのロシアは瞬く間にクリミア半島を併合してしまった。

このような軍事力行使の形態はどこから浮上してきたのか。第2章ではここに焦点を当て、ジョンスソンの研究成果に依拠しながらロシアの軍事思想家たちの間で生まれてきた非軍事的闘争論の系譜を概観した。ここで見たように、ＩＣＴや敵国社会への浸透といった手段を駆使することで、暴力の行使＝軍事的闘争に訴えずして政治的目的を達成するという思想は１９９０年代に浮上し、２０１０年代のロシアでは西側との「永続戦争」という文脈で大きな地位を占めるようになったというのがその骨子である。

だが、実際のロシアの軍事戦略においては、依然として軍事的手段は後景に退いたとは言えない。第3章で見たように、ロシアは非国家主体や非在来型手段を古典的な軍事力と結合させた「限定行動戦略」によってウクライナやシリアへの軍事介入を行ってきたが、その中心を成していたのは常に軍事的手段だったからである。また、第3章では、ドンバス、シリア、ナゴルノ・カラバフでの事例を通じて、軍事力が軍事的闘争以外の局面で発揮した効用、すなわち、ある「状況」を作り出す目的でも使用されていることを指摘した。

第4章では、ロシア軍の大演習を題材として、大規模戦争におけるロシアの軍事戦略について考察した。ここでの検討を通じて導き出されるのは、ロシアの想定している様々な戦争の形態が、最終的には大国との軍事紛争に収斂しつつあるということである。仮想敵がイスラム過激派や非合法武装勢力であったとしても、その背後には彼らを「手先（プロキシ）」として操る大国が存在するのであって、したがって「対テロ戦争」は巡航ミサイルや精密誘導兵器（PGM）による激しい攻撃の下で遂行されることになるし、最終的には核兵器の使用にもつながりかねないというのが現在のロシアの戦争観であるということになろう。

だが、正面戦力において劣勢に立つロシアは、大国間戦争をどのように戦おうとしているのだろうか。第5章ではこの点をより深く掘り下げてみた。

このような事態において、ロシアがまず依拠するのは「損害限定」戦略である。優勢な敵の「非接触戦争」に対して重層化された防空アセットで抗堪《こうたん》しつつ、短距離・中距離・長距離の火力や電子戦能力、情報戦能力、対宇宙作戦能力といったあらゆる手段で敵の戦力発揮を妨害するというものだ。ここには、戦略抑止下で戦術核兵器を使用して戦う「地域的核抑止」戦略や対衛星攻撃（ASAT）も含まれる。

これでも劣勢を補いきれない場合、ロシアは「エスカレーション抑止」に訴える。限定的な核攻撃や、急速に増強されつつある長距離PGMを用いて「警告射撃」を行い、進行中の戦闘を停止することを強要したり、第三者の参戦を思いとどまらせるのである。

まとめるならば、ロシアの軍事戦略はクラウゼヴィッツ的な戦争をそのコアとしつつ、非クラウゼヴィッツ的なそれにも備えた「ハイブリッドな戦争」戦略であるというのが本書の結論である。

†プーチン・システムの今後

ロシアは思想の国として知られ、この点は軍事の領域においても同様である。本書で描いてきたように、兵力や技術力で劣勢に陥っても、ロシアの軍事思想家たちの発想力だけは衰えることなく、むしろ逆境を克服するためにその創造性を研ぎ澄ませてきた。

では今後、以上で見たようなロシアの軍事戦略はどのように発展していくのだろうか。この問いに明確な答えを出すことはもとより簡単ではないが、一つの鍵となるのは、ロシアという国家自体の先行きであろう。

本書の執筆作業は主に2020年の後半から2021年初頭にかけて行われたが、この間の2020年7月にはロシア憲法改正という大きな出来事があった。この改正では、プーチン大統領が2024年の任期切れ後にも改めて大統領選に出馬して、最長で2036年までその座に留まることが可能となる一方、不逮捕特権を持つ「国父《こくふ》」として院政を敷く道も開かれた。実際にプーチン大統領がそのいずれを選択するのかは、おそらく任期切れの直前まで明らかにされないだろうが、何らかの形でプーチン・システムを長期にわたって存続させようとしていることだけは明らかであると思われる。

プーチン・システムという言葉にはっきりとした定義はないが、2000年代以降にプーチン大統領を中心として築き上げられてきた政治・経済体制という意味でここでは用いている。この「システム」は、2000年代には非常に大きな成功を収めた。ソ連崩壊による深刻な政治・経済的混乱、生活不安、国際的な地位の失墜などが相次いだ1990年代と比較すると、2000年代のプーチン政権下では経済が好調な伸びを示し、行政サービスや社会インフラも年々目に見える形で改善されていった。

凋落する一方と見られていたロシアの国際的な影響力も回復したし、新たな連邦分裂の危機をもたらしていたチェチェンの反乱も鎮圧された。プーチン大統領についていけば、ロシア人は安心して、誇りを持って暮らしていけるのだという希望をプーチン・システムは与えたのだと言えよう。その間、情報機関による国民監視やマスコミの国家統制、NGOに対する弾圧などは強まっていったが、それに対する反発が大きな広がりを持つことはなかった。

しかし、2010年代に入ってから経済成長が鈍化し、2014年のウクライナ危機以降には西側との政治・軍事的対立が先鋭化すると、そこに変化が生まれる。2011年の下院選における選挙不正疑惑をきっかけに大規模な反政府デモが度々発生するようになり、プーチン大統領の支持率も低下傾向をたどった。依然としてプーチン大統領のリーダーシップに対する信頼感、あるいは他に適当な指導者が見当たらないとの理由による消極的支持はかなりの規模で残存しているが、2000年代のような権力と国民の蜜月はほぼ瓦解している。

2021年1月、ロシア当局に毒殺されかかった野党活動家アレクセイ・ナヴァリヌイが療養先のドイツから帰国した直後に拘束され、これに対して2011～12年の反不正選挙デモ以来となる大規模な抗議運動がロシア全土で盛り上がったことは、プーチン・システムの弛緩が依然として進んでいることを窺わせる。

プーチン大統領の権力基盤であったエネルギー資源についても、長期にわたって価格の低止まりが続いており、結果的に世界経済の成長ペースを下回る低成長しか実現できていない。米中が覇権争いを繰り広げる最先端科学技術の進展にもロシアは付いていけておらず、このままではロシアの国際的地位は地盤沈下のように徐々に低下していくことになろう。

†「永続戦争」はどこまで続くか？

このように考えていくと、権威主義体制の下にあるロシアと、これを受け入れない西側という構図――すなわち「永続戦争」は今後とも続いていく公算が非常に高い。しかも、この間にロシアが2000年代のように飛躍的な経済成長を遂げるとか、技術革新の最先端に立つことは見通しがたいとすると、質量ともに劣勢なロシアが西側との軍事的対峙を続けるという状況にもおそらく変化はないだろう。つまり、本書で見たような「ロシア流の戦争方法」は少なくとも2020年代から2030年代くらいまでは中心的な軍事戦略に留まるのではないかというのが筆者の見立てである。仮に、これを「長い2010年代」シナリオと名づけることにしよう。

だが、「長い2010年代」は、西側からの孤立化と経済停滞の継続をも意味している。それでもなお、ロシア国民が現状を受け入れ続けるのかどうかは、考慮に入れるべきもう一つのファクターであろうが、ロシアにおいてウクライナのような政変が発生する蓋然性はあまり高くない。プーチン政権がそれを恐れていることは第2章で詳しく論じたとおりではあるが、ロシアにおけるエリートの結束度や経済の国家依存度、そして1990年代の混乱の記憶に基づく政変への忌避感は、全体として極端な政治変動を抑止する効果を持つからである。

他方、プーチン・システムの内側における体制内改革のようなものであれば、想像できないことはない。2008年のメドヴェージェフ政権の成立はまさにそのような事例であったし、実際にロシアが国力の衰退に歯止めをかけようとするならば、一定のリベラル化による西側との関係改善はむしろ必須のはずである。

したがって、2024年の任期切れに伴ってプーチン大統領がその職を退き、院政への移行を決断できるかどうかは、ロシアの国内問題に留まらず、同国の置かれた国際的環境を改善する（おそらく最後の）チャンスということになろう。仮にこのような形でロシアが「長い2010年代」を脱却できるならば、ロシアは西側との大規模戦争に備えた軍事的態勢を再び低減させ、その国力に見合う水準まで軍事力を削減できる可能性が出てくる。

問題は、プーチン大統領と彼を支える政策決定サークルがこのようなシナリオを受け入れるかどうかだ。先に述べた2020年の憲法改正について、プーチン大統領は当初、大統領任期を「生涯で合計2期まで」に制限することに同意すると述べ、内外に大きな波紋を広げた。従来の憲法の規定では「連続2期まで」とされており、「1回休み」を挟んで同一人物が大統領に復帰する可能性が排除されていなかったが、プーチン発言の通りに憲法が改正されれば、既に4期を務めている同人は2024年に引退するほかないと解釈されたためである。

しかし、実際に憲法改正のプロセスが開始されると、改正案は「これまでの任期を除いて生涯で2期」と修正され、結局はプーチン大統領の続投が可能となってしまった。その真相は現時点で明らかでないものの、院政では権力保持に不安があるという考えがプーチン大統領本人またはその側近集団で強まったという可能性が考えられよう。

体制内改革による苦境の脱出か、「長い2010年代」の中での緩やかな衰退か――現在のロシアはまさにこのような岐路に立っているのであって、その先行きはロシアの軍事戦略にも直接影響を及ぼすはずである。

†「西側」としての日本の対露戦略

最後に、本書が日本の対露政策に示唆することについても述べておきたい。

第4章で扱った一連のロシア軍大演習からも明らかなとおり、ロシアは日本をまずもって「西側」の国と見ている。ロシアにおける対日感情は全般的に良好であり、安倍政権下ではプーチン大統領との個人的関係も大いにアピールされたが、領土問題や安全保障といった「ハードな」領域においては、こうした肯定的な要因は急速に後景に退いてしまう。マクフォールがシリアをめぐる米露のすれ違いについて述べているように、これは「プーチンの別荘で個人の親交を深めたところで、歩み寄りが期待できる問題ではな」いのである。そして、日本の安全保障が今後とも日米同盟体制を基軸とする以上――つまり日本が「西側」に留まる以上、この点は所与の条件として受け入れるほかない。

したがって、日本の対露戦略は、政経分離を基本として進められるべきであろう。環日本海経済圏を共有する隣国として、経済や社会の交流は活発に進められるべきではあるが、それは必ずしも政治や安全保障とリンクしている必要はない――というよりも、それらをリンクさせて領土問題を解決しようとした点に安倍政権の対露政策の根本的な齟齬があったというのが筆者の考えである。具体的に言えば、いわゆる「8項目の経済協力」によって領土問題に関するロシアの姿勢軟化を狙った戦略がそれであり、その結末は国後と択捉に対する領土返還要求を事実上放棄するという妥協の末に、ロシアからゼロ回答を突きつけられるというものに終わった。

他方、新型コロナウイルス危機が発生する直前、日本では若い女性を中心としてウラジオストクへの観光ブームが起き、女性ファッション誌『ＣａｎＣａｍ』がウラジオストク特集を組むに至っていた。この時期には安倍政権による対露外交の失敗が明白になり、ロシア側からは日本のミサイル防衛計画や日米同盟に対する辛辣な批判が繰り返されていたにもかかわらず、である。

また、この間、ロシアの北極圏に位置するヤマル半島では日本が参画する液化天然ガス（ＬＮＧ）プロジェクト「ヤマルＬＮＧ」が稼働を迎え、２０２０年7月にはここで生産されたＬＮＧが北極圏航路を通って東京湾に送り届けられた。このように、政治的関係とは別に社会・経済的な対露関係は発展させうるのであって、両者を無理にリンクさせる必要はあるまい。

対露関係に関してもう一つ述べるならば、ロシアが「長い２０１０年代」に留まる場合、対中抑止にロシアを巻き込むという考え方はまず機能しないと思われる。安倍政権の対露外交の背景には、このような地政学的発想が存在したことは広く指摘されており、安倍自身も最近のインタビューでこの点を認めている（安倍２０２１）。しかし、西側との対立を「永続戦争」と見るロシアにとって、権威主義的な政治体制を共有する中国は根本的な価値を認め合える友好国であり、両者の離間《りかん》はそう容易ではない。むしろ安倍政権が対露外交を活発化させるほどにロシアの態度は高圧的になり、最終的には北方領土がロシア領であると認めることや、日本から外国の軍隊を撤退させることまで要求するようになった（谷内２０２０）。

同時に、ロシアが中国との本格的な軍事同盟関係に至る蓋然性は低く、中露の軍事協力関係にはあらかじめ限界が存在することは第４章で指摘した。そうである以上、日本が自国の国益を譲歩してまで対露関係で妥協を図るべき理由は存在しない。日本が何をしてもロシアの行動を変える見込みは低く、なおかつ中露の接近に最初から限界があるならば、日本としても戦略を変更すべきであろう。

具体的に言えば、領土問題では四島全部を交渉対象とするスタンスに回帰するとともに、この主張を国際的に広く発信する戦略的パブリック・ディプロマシーを展開すること、ウクライナ問題やロシアの権威主義体制に関して欧米と連携してより強い態度で臨むことなどである。要は「西側の一員」としての日本の立場を固め直すということだ。

ロシアが重要な隣人であることは確かである。しかも国家は引っ越しができない。そうである以上、対露関係は今後とも日本の外交政策の中で一定の重要性を持ち続けるであろうし、ロシアの国際的な影響力もまた簡単には低下しないであろう。

他方、日本は「西側」の一員であって、そうであるがゆえに否応なく「永続戦争」の中にあることも忘れられるべきではない。隣国であるロシアとの関係を過度に悪化させないための努力は不断に続けられるべきであるとしても、過剰な期待もまた持つべきではないということだ。本書で描き出したロシアの世界観と軍事戦略に則るならば、ロシアとの関係はこのようなプラグマティズムの上に構築されるべきではないか。このような見通しを問うて本書を結ぶことにしたい。

あとがき――オタクと研究者の間で

「なぜロシアに関心を持ったのですか」

筆者のように世間的に珍しい生業《なりわい》をしていると必ずぶつかる質問である。

だが、これについてはあまり格好いい答えがない。祖父がシベリアに抑留されていたとか、母が大学で露文科であったとかもっともらしい背景がないではないが、そのいずれも現在の筆者の興味関心には特段影響していないというのが正直なところである（そもそも祖父は筆者が生まれる前に他界しており、遺影しか見たことがない）。

さらに言えば、筆者はロシアという国自体にはそう関心が強い方ではない。実際にロシアでしばらく暮らしたこともあるので、多少の思い入れがないわけではないのだが、ロシアの言語や文化や歴史に強く惹かれた――ということはこれまでの人生を振り返ってもどうも思い当たらない。台湾や米国やタンザニアに比べると多少関心がある、という程度である。

ではお前は一体なぜロシア軍事の研究などしているのだと問われると、全くお粗末な話であるがロシアの兵器やロケットが格好よかったのである。１９８２年生まれの筆者は小学生のときにソ連崩壊を迎えたが（ちなみにその記憶も全くない）、高校生ぐらいになると、それまで謎に包まれていたソ連製兵器が、日本語の雑誌や書物でも豊富に紹介されるようになった。

従来から西側でも知られていた主力兵器だけなく、実験だけで終わった奇妙な試作兵器、シベリアの奥地に建設された秘密レーダー、噂だけで実在さえはっきりしなかったキラー衛星――などが突然、鮮明な写真や図版とともに目にできるようになったのである。それまで西側の兵器しか目にしたことがなかった筆者には、これがとてつもなくエキゾチックな存在と映った。

したがって、筆者は長らく研究者というよりも「職業的オタク」という自己認識を強く持ってロシア軍事研究を進めてきた。この点はおそらく本書の端々からも読み取れようが、ロシアの兵器や軍事組織、戦術、戦略――こうした細かく「オタクっぽい」部分に筆者の主な関心は向けられている。実際、本書には、『軍事研究』などの軍事専門誌に寄稿したメモや、筆者が配信しているメールマガジンの記事を大幅に加筆・修正したり、逆に縮めたりした文章が少なからず含まれる。

他方、本書は筆者が東京大学先端科学技術研究センター特任助教に就任した後に一から取り組んだ初の単著である。学術的な研究機関から給料をもらいながら書くものであるから、ある程度は日本のロシア研究に資するものでなければならないという意識は、執筆作業の最初から頭の中にあった。そこでロシアの安全保障に関する先行研究に当たり直してみると、ロシアの対外政策、核戦略、軍需産業、軍改革に関する研究書はあっても、具体的なロシア軍の「戦い方」に関してはまだ日本で十分に論じられていないのではないかという問題意識が浮かんできた。

こうしたわけで、本書は一応、日本の読者がロシア軍事戦略研究の最先端に触れられるものとなるよう意図したつもりである。学術論文ではない以上、あまりに立ち入ったことは割愛せざるを得なかったし、新書としての紙幅の制約もあるにはある。また、筆者の理解が不十分な点や誤りも（おそらくかなり）あろう。この点についてはひとえに筆者の責任である。

それでも、流動化する国際情勢を理解する上での視角として、本書が読者諸兄のお役に立つところがわずかでもあるならば、筆者としては望外の喜びというほかない。

また、本書の企画を筆者に提案してくださった筑摩書房の山本拓さんにお礼を申し上げる。本書の構想はなかなかまとまらず、二転三転したが、粘り強くつきあっていただいた同氏の貢献がなければ、本書は完成に至らなかっただろう。
最後に、妻エレーナと娘のありさにも感謝の言葉を述べねばならない。自宅ではどうにも執筆作業に集中できないという筆者の困った性格のために、本書の執筆期間中は連日帰りが遅くなった。それでも筆者の仕事に理解を示してくれた二人は、本書の執筆を支える大きな力となった。本書は二人に捧げられたものである。

2021年2月

小泉　悠

参考文献

【日本語資料】
安倍晋三「「自由で開かれたインド太平洋」にみる戦略的思考」『外交』第65号、2021年、1-2月
荒井信一『空爆の歴史——終わらない大量虐殺』岩波書店、2008年
石津朋之「「軍事革命」の歴史について——「ナポレオン戦争」を中心に」『戦史研究年報』第４号、2001年３月、１～16頁
科学技術振興機構（ＪＳＴ）研究開発戦略センター『世界の宇宙技術力比較（2015年度）』2016年、<https://www.jst.go.jp/crds/pdf/2016/CR/CRDS-FY2016-CR-01.pdf>
切通亮「電磁スペクトルにおける米国の軍事的課題と対応」『防衛研究所紀要』第21巻第１号、2018年12月、99～115頁
小泉悠『軍事大国ロシア——新たな世界戦略と行動原理』作品社、2016年
小泉悠『「帝国」ロシアの地政学——「勢力圏」で読むユーラシア戦略』東京堂出版、2019年
小林周「緊張高まるリビア紛争Ｉ——トルコ、ロシアの軍事介入」『国際情報ネットワーク分析　ＩＩＮＡ』笹川平和財団、2020年８月13日 <https://www.spf.org/iina/articles/kobayashi_02.html>
スミス、ルパート『ルパート・スミス　軍事力の効用——新時代「戦争論」』佐藤友紀訳、山口昇監修原書房、2014年（原題：Rupert Smith, *The Utility of Force: The Art of War in the Modern World*, Penguin UK, 2006.）
タウンゼンド、チャールズ『テロリズム』宮坂直史訳、岩波書店、2003年（原題：Charles Townshend, *TERRORISM: A Very*

Short Introduction, Oxford University Press, 2002.）
土屋大洋『サイバーセキュリティと国際政治』千倉書房、2016年（第二版）
ノックス、マクレガー、ウィリアムソン・マーレー『軍事革命とＲＭＡの戦略史——軍事革命の史的変遷 1300～2050年』今村伸哉訳、芙蓉書房出版、2004年（MacGregor Knox and Williamson Murray, *The Dynamics of Military Revolution, 1300−2050*, Cambridge University Press, 2001.）
ハシェク、ヤロスラフ「ブグリマ市の司令官」『不埒な人たち』飯島周編訳、平凡社、2020年
ヒル、フィオナ、クリフォード・Ｇ・ガディ『プーチンの世界——「皇帝」になった工作員』濱野大道、千葉敏生訳、畔蒜泰助監修、新潮社、2016年（原題：Fiona Hill and Clifford G. Gaddy, *Mr. Putin: Operative in the Kremlin*, Brookings Institution Press, 2015.）
フランツ、エリカ『権威主義——独裁政治の歴史と変貌』上谷直克、今井宏平、中井遼訳、白水社、2021年（原題：Erica Franz, *Authoritarianism: What Everyone Needs to Know*, Oxford University Press, 2018.）
マクフォール、マイケル『冷たい戦争から熱い平和へ（下）』白水社、2020年（原題：Michael McFaul, *From Cold War to Hot Peace: The Inside Story of Russia and America*, Penguin, 2018.）
谷内正太郎「ウィズ・コロナの国際情勢と日本外交」『公研』第688号、2020年12月

【英語資料】
Adamsky, Dmitry(Dima), *Moscow's Aerospace Theory of Victory: Western Assumptions and Russian Reality*, CAN Corporation, February, 2021.

Aftenposten, “23.11.2009: NATO-RUSSIA: NAC DISCUSSES RUSSIAN MILITARY EXERCISES.” <https://www.aftenposten.no/norge/i/BlJ7l/23112009-NATO-russia-nac-discusses-russian-military-exercises>

Amnesty International,*‘Civilian Objects Were Undamaged’: Russia’s Statements on Its Attacks in Syria Unmasked,* 2015. <https://www.amnesty.org/download/Documents/MDE2431132015ENGLISH.PDF>

Amnesty International, *Russia: A year on, Putin’s ‘foreign agents law’ choking freedom*, 2013.11.20. <https://www.amnesty.org/en/latest/news/2013/11/russia-year-putin-s-foreign-agents-law-choking-freedom/>

AP, “Thousands of Russian private contractors fighting in Syria,” 2017.12.12.

Arbatov, Alexei G.,“The Transformation of Russian Military Doctrine: Lessons Learned from Kosovo and Chechnya,” *The Marshall Center Papers,* No.2, 2000.

Bartles, Charles K.,“Getting Gerasimov Right,” *MILITARY REVIEW,* January-February 2016.

Bērziņa, Ieva, *Color revolutions: Democratization, Hidden Influence or Warfare?,* National Defence Academy of Latvia Center for Security and Strategic Research, 2014. <https://www.academia.edu/28326769/Color_revolutions_Democratization_Hidden_Influence_or_Warfare>

Bohdan, Siarhei, *Belarusian Army: Its Capacities and Role in the Region,* Ostrogorski Centre, 2014, p.26.

Bondaz, Antoine, Stéphane Delory, Isabelle Facon, Emmanuelle Maitre, and Valérie Niquet, “The death of the INF Treaty or the end of the post-Cold war era,” *FRS,* No.03, 2019. <https://www.frstrategie.org/en/publications/notes/death-inf-treaty-or-end-post-cold-

war-era-2019>
Bukkvoll, Tor, "Iron Cannot Fight: The Role of Technology in Current Russian Military Theory," *Journal of Strategic Studies,* Vol.34 No.5, 2011, pp.681-706.
Charap, Samuel, *Strategic Sderzhivanie: Understanding Contemporary Russian Approaches to "Deterrence,"* George C. Marshal European Center for Security Studies, September 2020. <https://www.marshallcenter.org/en/publications/security-insights/strategic-sderzhivanie-understanding-contemporary-russian-approaches-deterrence-0>
Coultrup, Alexandra, *GPS Jamming in the Arctic Circle,* CSIS, 2019.4.4. <https://aerospace.csis.org/data/gps-jamming-in-the-arctic-circle/>
Deni, John R., "Force Posture after NATO's Return to Europe: Too Little, Too Late," Rebecca R. Moore and Damon Coletta, eds., *NATO's Return to Europe: Engaging Ukraine, Russia, and Beyond,* Georgetown University Press, 2017.
Durkalec, Jacek, *Nuclear-Backed "Little Green Men": Nuclear Messaging in the Ukraine Crisis,* The Polish Institute of International Affairs, July 2015.
Elfving, Jörgen, "Baltic Sea Strategy," Glen E. Howard and Matthew Czekaj, eds., *Russia's Military Strategy and Doctrine,* The Jamestown Foundation, 2019.
Fink, Anya and Michael Kofman, *Russian Strategy for Escalation Management: Key Debates and Players in Military Thought,* CNA, 2020. <https://www.cna.org/CNA_files/PDF/DIM-2020-U-026101-Final.pdf>
Galeotti, Mark, "Putin Is Playing by Grozny Rules in Aleppo," *Foreign Policy,* 2016.9.29.
Gordon, Michael R., "On Brink of Arms Treaty Exit, U.S. Finds

More Offending Russian Missiles," *The Wall Street Journal,* 2019.2.1.

Gordon, Michael R., "U.S. Says Russia Tested Cruise Missile, Violating Treaty," *New York Times,* 2014.7.28.

Grau, Lester W. and Charles K. Bartles, *The Russian Way of War: Force Structure, Tactics, and Modernization of the Russian Ground Forces,* Foreign Military Studies Office, 2016.

Gresh, Jason P., *Rosgvardiya: Hurtling Towards Confrontation?* CSIS, 2020.9.21. <https://www.csis.org/blogs/post-soviet-post/rosgvardiya-hurtling-towards-confrontation>

Haas, Marcel de, *Russian Security and Air Power 1992–2002,* Frank Cass, 2004.

Human Rights Watch, *"Targeting Life in Idlib": Syrian and Russian Strikes on Civilian Infrastructure,* 2020.10.15. <https://www.hrw.org/report/2020/10/15/targeting-life-idlib/syrian-and-russian-strikes-civilian-infrastructure>

IISS, *Russa's Military Modernisation: An Assessment,* 2020.

Inform Napalm, "Private Military Companies in Russia: Carrying Out Criminal Orders of the Kremlin." <http://informnapalm.rocks/private-military-companies-in-russia-carrying-out-criminal-orders-of-the-kremlin>

The International Institute for Strategic Studies (IISS), *The Military Balance 2020,* 2020.

Jonsson, Oscar, *The Russian Understanding of War: Blurring the Lines Between War and Peace,* Georgetown University Press, 2019.

Johnson, Dave, *Russia's Conventional Precision Strike Capabilities, Reginal Crisis, and Nuclear Thresholds,* Lawrence Livermore National Laboratory Center for Global Security Research, February 2018. <https://cgsr.llnl.gov/content/assets/docs/Precision-

Strike-Capabilities-report-v3-7.pdf>

Kaplan, Fred, *The Bomb: Presidents, Generals, and the Secret History of Nuclear* War, Simon & Schuster, 2020.

Katz, Brian and Joseph S. Bermudez Jr., *Moscow's Next Front: Russia's Expanding Military Footprint in Libya,* CSIS, 2020.6.17. <https://www.csis.org/analysis/moscows-next-front-russias-expanding-military-footprint-libya>

Kofman, Michael, Katya Migacheva, Brian Nichiporuk, Andrew Radin, Olesya Tkacheva and Jenny Oberholtzer, *Lessons from Russia's Operations in Crimea and Eastern* Ukraine, RAND Corporation, 2017.

Kofman, Michael, "It's Time to Talk about A2/AD: Rethinking the Russian Military Challenge," *WAR ON THE ROCKS,* 2019.9.5. <https://warontherocks.com/2019/09/its-time-to-talk-about-a2-ad-rethinking-the-russian-military-challenge/>

Kofman, Michael, Anya Fink, Jeffrey Edmonds, *Russian Strategy for Escalation Management: Evolution of Key Concepts,* CNA, 2020. <https://www.cna.org/CNA_files/PDF/DRM-2019-U-022455-1Rev.pdf>

Krepinevich, Andrew F., "Cavalry to computer：the pattern of military revolutions." *The National Interest,*1994.9.1. <https://nationalinterest.org/article/cavalry-to-computer-the-pattern-of-military-revolutions-848>

Krepinevich, Andrew F., *The Military-Technical Revolution: A Preliminary Assessment,* CSBA, 2002. <https://csbaonline.org/uploads/documents/2002.10.02-Military-Technical-Revolution.pdf>（元は1992年に刊行されたもの）

Krepinevich, Andrew F., *Preserving the Balance: A U.S. Eurasia Defense Strategy,* CSBA, 2017.

Kristensen, Hans M. and Robert S. Norris, "Russian nuclear forces,

2016," *Bulletin of the Atomic Scientists,* 2016.

Kühn, Ulrich, *Preventing Escalation in the Baltics: A NATO Playbook,* Carnegie Endowment for International Peace, 2018.

Lavrov, Anton, "Russian Again: The Military Operation for Crimea," *Brothers Armed: Military Aspects of the Crisis in Ukraine,* East View Press, 2014.

Lead Inspector General, *East Africa Counterterrorism Operation, North and West Africa Counterterrorism Operation: Lead Inspector General Report to the United States Congress,* January 1. 2020–March 31, 2020.

Marten, Kimberly, "Into Africa: Prigozhin, Wagner, and the Russian Military," *PONARS Eurasia Policy Memo,* No.561, January 2019. <http://www.ponarseurasia.org/sites/default/files/policy-memos-pdf/Pepm561_Marten_Jan2019_0.pdf>

Mattis, James N. and Frank Hoffman, "Future Warfare: The Rise of Hybrid Wars," *Proceedings,* Vol.132, No.11, November 2005, pp.30-32.

McDermott, Roger N., "Does Russia Have a Gerasimov Doctrine?" *Parameters,* Vol. 46, No. 1, 2016, pp. 97–105.

McDermott, Roger N., *Russia's Electronic Warfare Capabilities to 2025: Challenging NATO in the Electromagnetic Spectrum,* RKK ICDS, 2017. <https://icds.ee/wp-content/uploads/2018/ICDS_Report_Russias_Electronic_Warfare_to_2025.pdf>

McFaul, Michael, "How to Contain Putin's Russia: A Strategy for Countering a Rising Revisionist Power," *Foreign Affairs,* 2021.1.19.

McMaster, H. R., "The Pipe Dream of Easy War," *The New York Times,* 2013.7.20.

Meduza, "Investigators find evidence tying last July's murder of three Russian journalists in Africa to 'Putin's chef'," 2019.1.10.

Mansoor, Peter R, "Introduction: Hybrid Warfare in History," Williamson Murray and Peter R. Mansoor, eds., *Hybrid Warfare: Fighting Complex Opponents from the Ancient World to the Present,* Cambridge University Press, 2012.

NATO , *The Secretary General's Annual Report 2015,* 2016.

NBC News, "Electronic warfare: The U.S. is losing the invisible fight to Russia's dominant capabilities," 2019.11.26.

Norberg, Johan, *Training to Fight: Russia's Major Military Exercises 2011–2014,* FOI, 2015.

Office of the Director of National Intelligence (DNI), *Director of National Intelligence Daniel Coats on Russia's INF Treaty Violation,* 2018.11.30. <https://www.dni.gov/index.php/newsroom/speeches-interviews/speeches-interviews-2018/item/1923-director-of-national-intelligence-daniel-coats-on-russia-s-inf-treaty-violation >

Office of the United Nations High Commissioner for Human Rights (UNHCR), *Report on the human rights situation in Ukraine, 16 November 2019 to 15 February 2020.* <https://www.ohchr.org/Documents/Countries/UA/29thReportUkraine_EN.pdf>

Oliker, Olga, "New Document Consolidates Russia's Nuclear Policy in One Place," *Russia Matters,* 2020.6.4.

Oryx, "The Fight For Nagorno-Karabakh: Documenting Losses On The Sides Of Armenia And Azerbaijan." <https://www.oryxspioenkop.com/2020/09/the-fight-for-nagorno-karabakh.html>

Rácz, András, "The Elephant in the Room: Russian Foreign Fighters in Ukraine" Kacper Rekawek, ed., *Not Only Syria? The Phenomenon of Foreign Fighters in a Comparative Perspective,* NATO, 2017, pp. 60–73.

Radio Free Europe, "Ukraine's Exploding Munition Depots Give Ammunition To Security Concerns," 2017.10.6.

Radio Free Europe, “Report: Russia Has Deployed More Medium-Range Cruise Missiles Than Previously Thought,” 2019.2.10.

RAND Corporation, *The Future of Russian Military: Russia's Ground Combat Capabilities and Implications for U.S.-Russia Competition,* 2019.

Renz, Bettina, *Russia's Military Revival,* Polity, 2018.

SIPRI, *Military Expenditure Database.* <https://www.sipri.org/databases/milex>

Sokov, Nikolai N., “Why Russia calls a limited nuclear strike “de-escalation,” *Bulletin of the Atomic Scientists.* 2014.3.13.

Stronski, Paul, *Implausible Deniability: Russia's Private Military Companies,* Carnegie Endowment for International Peace, 2020.6.2. <https://carnegieendowment.org/2020/06/02/implausible-deniability-russia-s-private-military-companies-pub-81954>

Sussman, Gerald and Sascha Krader, “Template Revolutions: Marketing U.S. Regime Change in Eastern Europe,” *Westminster Papers in Communication and Culture,* Vol. 5, No. 3, 2008, pp. 91–112. <https://www.westminsterpapers.org/article/115/galley/3512/download/>

Thomas, Timothy L., Kremlin *Kontrol: Russia's Political-Military Reality*, FMSO, 2017.

TIME, “Exclusive: Strange Russian Spacecraft Shadowing U.S. Spy Satellite, General Says,” 2020.2.10.

Trenin, Dmitri, “Russia, China are key and close partners,” *China Daily,* 2019.6.5.

Troianovski, Anton and Carlotta Gall, “In Nagorno-Karabakh Peace Deal, Putin Applied a Deft New Touch,” *The New York Times,* 2020.12.1.

Union of Concerned Scientists, *UCS Satellite Database,* 2020.8.1.

<https://www.ucsusa.org/resources/satellite-database>
U.S. Africa Command (USAFRICOM), *Russia and the Wagner Group continue to be involved in ground, air operations in Libya,* 2020.7.24. <https://www.africom.mil/pressrelease/33034/russia-and-the-wagner-group-continue-to-be-in>
U.S. Department of Army, *FM3-0, C1 Operations,* February 2008. <https://fas.org/irp/doddir/army/fm3-0.pdf>
Vidal, Florian, *Russia's Space Policy: The Path of Decline?* IFRI, 2021. <https://www.ifri.org/sites/default/files/atoms/files/vidal_russia_space_policy_2021_.pdf>
THE WARZONE, "Ukrainian Officer Details Russian Electronic Warfare Tactics Including Radio 'Virus'," 2019.10.30.
Wehrey, Frederic, "With the Help of Russian Fighters, Libya's Haftar Could Take Tripoli," *Foreign Policy,* 2019.12.5.

ロシア語・その他言語の資料

The Bell, "Частная армия для президента: история самого деликатного поручения Евгения Пригожина," 2019.1.29.
БЕЛТА, "Под Минском задержаны 32 боевика иностранной частной военной компании," 2020.7.29.
Богданов, Владимир, "Миротворцы ОДКБ защитили 'Республику Уралия'," *Российская газета,* 2013.10.8.
Герасимов, Валерий, "Ценность науки в предвидении: Новые вызовы требуют переосмыслить формы и способы ведения боевых действий," *Военно-промышленный курьер*, 2013.2.16.
Евсюков, А.В., и А.Л. Хряпин, "Роль новых систем стратегических вооружений в обеспечении стратегического сдерживания," *Военная мысль,* No.12, 2020, pp. 26–30.
Эхо Москвы, "Александр Гольц: Что показали самые масштабные военные учения за 30 лет," 2017.9.17.

Ковальчук, А. Н., и Ю. И. Мушков, “Подходы к обеспечению господства в космосе в современных условиях,” *Военная мысль,* 2018, No.5, pp. 65–68.

Коммерсантъ, “Что известно о 33 задержанных в Белоруссии россиянах,” 2020.7.29.

Коновалов, Сергей, “Национальная гвардия Владимира Путина,” *Независимое военное обозрение,* 2012.4.2.

Михайлов, Алексей, “Бойцы четвертого измерения,” *Военно-промышленный курьер,* 2016.4.18.

Мэсснер, Евгений, *Мятеж-имя Третьей Всемирной,* 1960.（*ХОЧЕШЬ МИРА, ПОБЕДИ МЯТЕЖЕВОЙНУ! Творческое наследие Е.Э. Месснера,* Российский военный сборник, Выпуск 21, Военный университет, 2005. <http://militera.lib.ru/science/0/pdf/messner_ea01.pdf> 収録）

Мэсснер, Евгений, *Лик современной войны: О стилях войны,* 1959.（同上）

Панарин, Игорь, *Информационная война и геополитика,* ПОКОЛЕНИЕ, 2006.

Пинчук, Александр, “Восток-2014: кульминация в Авачинском заливе,” *Красная звезда,* 2014.9.23.

Путин, Владимир, “Быть сильными: гарантии национальной безопасности для России,” *Российская газета,* 2012.2.20.

Пухов, Руслан, “Миф о ‘гибридной войне’,” *Независимое военное обозрение,* 2015.5.29. <http://nvo.ng.ru/realty/2015-05-29/1_war.html>

Радио Свобода, “В России и Белоруссии пройдут учения ‘Стабильность-2008’,” 2008.9.22.

Рогозин, Д. О., ред., *Война и мир в терминах и определениях: Военно-политический словарь,* Вече, 2017.

Романенко, Валентина,“Задержанные в Беларуси российские

боевики Вагнера воевали на Донбассе," *Украинская правда,* 2020.7.29.

Ростовцев, Александр, "Пятый штурмовой корпус," *Политнавигатор,* 2017.12.22.

Слипченко, Владимир Иванович, *Войны шестого поколения. Оружие и военное искусство будущего,* Вече, 2002.

Становая, Татьяна, *Путь к Нацгвардии. Как безопасность страны стала безопасностью Путина,* Московский Центр Карнеги, 2016.4.7. <https://carnegie.ru/commentary/2016/04/07/ru-63261/iwr6>

Евгений Будерацкий, "Сліди з Донбасу в Мінську. Затримані вагнерівці і війна на Сході," *Українська правда БЛОГИ,* 2020.7.29. <https://blogs.pravda.com.ua/authors/buderatsky/5f218b3ac4cdc/>

Фельгенгауэр, Павел, "Условный противник был бит не без эксцессов," *Новая газета,* 2017.9.21.

Wprost, "Rosja ćwiczyła atak atomowy na Polskę," 2009.10.31.（Google 翻訳で閲覧）

ちくま新書
1572

現代《げんだい》ロシアの軍事戦略《ぐんじせんりゃく》

二〇二一年五月一〇日　第一刷発行
二〇二二年六月二五日　第九刷発行

著者　小泉　悠（こいずみ・ゆう）

発行者　喜入冬子

発行所　株式会社　筑摩書房
東京都台東区蔵前二-五-三　郵便番号一一一-八七五五
電話番号〇三-五六八七-二六〇一（代表）

装幀者　間村俊一

印刷・製本　三松堂印刷　株式会社

ISBN978-4-480-07395-2 C0231

ちくま新書

1559
ポスト社会主義の政治
——ポーランド、リトアニア、アルメニア、ウクライナ、モルドヴァの準大統領制
松里公孝
地政学的対立とポピュリズムに翻弄された激動の30年を、大統領・議会・首相の関係から読み解く。時に暴力を伴う政治体制の変更は、なぜ繰り返されるのか。

1345
ロシアと中国　反米の戦略
廣瀬陽子
孤立を避け資源を売りたいロシア。軍事技術が欲しい中国。米国一強の国際秩序への対抗……。だが、中露蜜月の舞台裏では熾烈な主導権争いが繰り広げられている。

935
ソ連史
松戸清裕
二〇世紀に巨大な存在感を持ったソ連。「冷戦の敗者」「全体主義国家」の印象で語られがちなこの国の内実を丁寧にたどり、歴史の中での冷静な位置づけを試みる。

1550
ヨーロッパ冷戦史
山本健
ヨーロッパはなぜ東西陣営に分断され、緊張緩和の後は一挙に統合へと向かったのか。経済、軍事的側面にも注目しつつ、最新研究に基づき国際政治力学を分析する。

1457
「失敗の本質」と戦略思想
——孫子・クラウゼヴィッツで読み解く日本軍の敗因
西田陽一
杉之尾宜生
名著『失敗の本質』に採り上げられた例も含め、日本陸海軍の戦いを『孫子』とクラウゼヴィッツ『戦争論』により再検討。日本人に欠ける戦略思考の活性化を図る。

1147
ヨーロッパ覇権史
玉木俊明
オランダ、ポルトガル、イギリスなど近代ヨーロッパ諸国の台頭は、世界を一変させた。本書は、軍事革命、大西洋貿易、アジア進出など、その拡大の歴史を追う。

1347
太平洋戦争　日本語諜報戦
——言語官の活躍と試練
武田珂代子
太平洋戦争で活躍した連合国軍の言語官。収容所から集められた日系二世の葛藤、養成の違いに見る米英豪加の各国軍事情……。語学兵の実像と諜報戦の舞台裏。

ちくま新書

1391 古代史講義【戦乱篇】 佐藤信編
日本の古代を大きく動かした15の戦い・政争を最新研究に基づき正確に叙述。通時的に歴史展開を見通すとともに、時代背景となる古代社会のあり方を明らかにする。

1485 中世史講義【戦乱篇】 高橋典幸編
『承久の乱』『応仁の乱』など重要な戦乱をめぐる最新研究成果を紹介。保元の乱から慶長の役まで、武士による戦乱の時代であった中世の歴史を一望に収める入門書。

1499 避けられた戦争――一九二〇年代・日本の選択 油井大三郎
なぜ日本は国際協調を捨てて戦争へと向かったのか。国際関係史の知見から、一九二〇年代の日本に本当は存在していた「戦争を避ける道」の可能性を掘り起こす。

1082 第一次世界大戦 木村靖二
第一次世界大戦こそは、国際体制の変化、女性の社会進出、福祉国家化などをもたらした現代史の画期である。戦史的経過と社会的変遷の両面からたどる入門書。

1111 平和のための戦争論――集団的自衛権は何をもたらすのか? 植木千可子
「戦争をするか、否か」を決めるのは、私たちの責任になる。集団的自衛権の容認によって、日本と世界はどう変わるのか? 現実的な視点から徹底的に考えぬく。

1122 平和憲法の深層 古関彰一
日本国憲法制定の知られざる内幕。そもそも平和憲法は押し付けだったのか。天皇制、沖縄、安全保障……その背後の政治的思惑、軍事戦略、憲法学者の主導権争い。

1236 日本の戦略外交 鈴木美勝
外交取材のエキスパートが読む世界史ゲームのいま。「歴史」の和解と打算、機略縦横の駆け引き、舞台裏で支えるキーマンの素顔……。戦略的リアリズムとは何か!

ちくま新書

1488
令和日本の敗戦
——虚構の経済と蹂躙の政治を暴く
田崎基
安倍長期政権の末路ここにあり。崩壊寸前のこの国はやがて「令和の敗戦」を迎える。経済政策の虚構、疲弊する労働者、権力の暴走と欺瞞を気鋭の記者が迫真ルポ。

1515
戦後日本を問いなおす
——日米非対称のダイナミズム
原彬久
日本はなぜ対米従属をやめられないのか。戦後の「日米非対称システム」を分析し、中国台頭・米国後退の中、政治的自立のため日本国民がいま何をすべきかを問う。

1518
メディアが動かすアメリカ
——民主政治とジャーナリズム
渡辺将人
メディアは政治をいかに動かし、また動かされてきたのか。アメリカのテレビと選挙の現場を知り尽くした著者が解き明かす、超大国アメリカの知られざる姿。

1519
リベラルの敵はリベラルにあり
倉持麟太郎
「フェイク」リベラルの「ハリボテ」民主主義ではもう闘えない。個人の自由を脅かす無法国家を露呈したコロナ後時代に提言する、保守層も必読の斬新な挑戦状。

985
中国人民解放軍の実力
塩沢英一
膨張する中国の軍事力に対する警戒感が世界で高まっている。領土領海への野心も小さくない。軍幹部の証言や独自入手した資料で不透明な人民解放軍の実像に迫る。

532
靖国問題
高橋哲哉
戦後六十年を経て、なお問題でありつづける「靖国」を、具体的な歴史の場から見直し、それが「国家」の装置としていかなる役割を担ってきたのかを明らかにする。

1017
ナショナリズムの復権
先崎彰容
現代人の精神構造は、ナショナリズムとは無縁たりえない。アーレント、吉本隆明、江藤淳、丸山眞男らの名著から国家とは何かを考え、戦後日本の精神史を読み解く。

ちくま新書

1257
武士道の精神史
笠谷和比古
侍としての勇猛な行動を規定した「武士道」だが、徳川時代に内面的な倫理観へと変容し、一般庶民の生活にまで広く影響を及ぼした。その豊かな実態の歴史に迫る。

1280
兵学思想入門
——禁じられた知の封印を解く
拳骨拓史
明治維新の原動力となった日本の兵学思想。その独自の国家観・戦争観はいつ生まれ、いかに発展し、なぜ封印されるに至ったのか。秘められた知の全貌を解き明かす。

1357
帝国化する日本
——明治の教育スキャンダル
長山靖生
明治初頭の合理主義はどこで精神主義に転換し、妄想的な愛国主義へ転化したのか。哲学館事件などの教育スキャンダルから、帝国神話形成のメカニズムを解明する。

1359
大坂城全史
——歴史と構造の謎を解く
中村博司
豊臣秀吉、徳川家康・秀忠など、長きにわたり権力者たちの興亡の舞台となった大坂城を、最新の研究成果に基づき読み解く、通説を刷新する決定版通史！

1365
東京裁判「神話」の解体
——パル、レーリンク、ウェブ三判事の相克
D・コーエン
戸谷由麻
東京裁判は「勝者の裁き」であり、欺瞞に満ちた判決だったというのは神話に過ぎない。パル判事らの反対意見の誤謬と、判決の正当性を七十年の時を超えて検証する。

1369
武士の起源を解きあかす
——混血する古代、創発される中世
桃崎有一郎
武士はどこでどうやって誕生したのか。日本を長期間統治した彼らのはじまりは「諸説ある」として不明とされていた。古代と中世をまたぎ、日本史最大級の謎に挑む。

1482
天皇と右翼・左翼
——日本近現代史の隠された対立構造
駄場裕司
日本を動かしたのは幕末以来の天皇家と旧宮家の対立と裏社会の暗闘だった。従来の右翼・左翼観を打ち破り、日本の支配層における対立構造を天皇を軸に描き直す。

ちくま新書

888 世界史をつくった海賊　竹田いさみ

スパイス、コーヒー、茶、砂糖、奴隷……歴史の陰には、常に奴らがいた。開拓の英雄であり、略奪者で厄介者でもあった〝国家の暴力装置〟から、世界史を捉えなおす！

932 ヒトラーの側近たち　大澤武男

ナチスの屋台骨である側近たち。ゲーリング、ヘス、ゲッベルス、ヒムラー……。独裁者の支配妄想を実現、ときに強化した彼らは、なぜ、どこで間違ったのか。

994 やりなおし高校世界史――考えるための入試問題8問　津野田興一

世界史は暗記科目なんかじゃない！　大学入試を手掛かりに、自分の頭で歴史を読み解けば、現在とのつながりが見えてくる。高校時代、世界史が苦手だった人、必読。

1019 近代中国史　岡本隆司

中国とは何か？　その原理を解く鍵は、近代史に隠されている。グローバル経済の奔流が渦巻きはじめた時代から、激動の歴史を構造的にとらえなおす。

1080 「反日」中国の文明史　平野聡

文明への誇り、日本という脅威、社会主義と改革開放、矛盾した主張と強硬な姿勢……。驕る大国の本質を悠久の歴史に探り、問題のありかと日本の指針を示す。

1335 ヨーロッパ　繁栄の19世紀史――消費社会・植民地・グローバリゼーション　玉木俊明

第一次世界大戦前のヨーロッパは、イギリスを中心に空前の繁栄を誇っていた。奴隷制、産業革命、蒸気船や電信の発達……その栄華の裏にあるメカニズムに迫る。

1377 ヨーロッパ近代史　君塚直隆

なぜヨーロッパは世界を席巻することができたのか。「宗教と科学の相剋」という視点から、ルネサンスに始まり第一次世界大戦に終わる激動の五〇〇年を一望する。

ちくま新書

1400
ヨーロッパ現代史
松尾秀哉
第二次大戦後の和解の時代が終焉し、大国の時代が復活し、危機にあるヨーロッパ。その現代史の全貌を、国際関係のみならず各国の内政との関わりからも描き出す。

1546
内モンゴル紛争
――危機の民族地政学
楊海英
なぜいま中国政府は内モンゴルで中国語を押しつけようとしているのか。民族地政学という新視点から、モンゴル人の歴史上の問題を読み解き現在の紛争を解説する。

1327
欧州ポピュリズム
――EU分断は避けられるか
庄司克宏
反移民、反グローバル化、反エリート、反リベラルが世界を席巻！　EUがポピュリズム危機に揺れる理由は、その統治機構と政策にあった。欧州政治の今がわかる！

1514
中東政治入門
末近浩太
パレスチナ問題、「アラブの春」、シリア内戦、「イスラーム国」、石油依存経済、米露の介入……中東が抱える複雑な問題を「理解」するために必読の決定版入門書。

1484
日本人のためのイスラエル入門
大隅洋
AI、スタートアップ、先端技術……。宗教と伝統が息づく中東の小国はいかにしてイノベーション大国となったのか？　現役外交官がその秘密を語り尽くす！

1553
アメリカを動かす宗教ナショナリズム
松本佐保
アメリカの人口の3分の1を占める「福音派」とは何か？政治、経済、外交にまで影響を与える宗教ロビーの役割を解説。バイデン新大統領誕生の秘密にも迫る。

1331
アメリカ政治講義
西山隆行
アメリカの政治はどのように動いているのか。その力学を歴史・制度・文化など多様な背景から解説。アメリカン・デモクラシーの考え方がわかる、入門書の決定版。